[illegible] DU SYSTÈME MÉTRIQUE

contenant une application très variée des 4 opérations de l'arithmétique à toutes les unités légales, et principalement aux questions les plus usuelles relatives à la mesure des lignes, des surfaces et des solides.

Ouvrage également utile aux écoles de tous les degrés, aux ouvriers et aux propriétaires

PAR

R. DEMOND,

Directeur de l'École Municipale (Supérieure) D'ORLÉANS.

ORLÉANS

Chez les principaux libraires

1854

O'erlook'd, seen double, by the Fool, and wise.
Plant of celestial seed! if dropt below,
Say, in what mortal soil thou deign'st to grow?
Fair op'ning to some Court's propitious shine,
Or deep with di'monds in the flaming mine?
Twin'd with the wreaths Parnassian laurels yield,
Or reap'd in iron harvests of the field?
Where grows? — where grows it not? If vain our toil,
We ought to blame the culture, not the soil:
Fix'd to no spot is Happiness sincere,
'Tis no where to be found, or ev'ry where;
'Tis never to be bought, but always free,
And fled from Monarchs, St. John! dwells with thee.
Ask of the Learn'd the way? the Learn'd are blind;
This bids to serve, and that to shun mankind;

vû double, par ceux qui admettent, que quelqu'autre chose doit partager avec la vertu, l'avantage de procurer le bonheur. Ces deux points sont les deux écueils les plus généraux que cette Epître cherche à refuter.

PRATIQUE COMPLÈTE ET RAISONNÉE
DU
SYSTÈME MÉTRIQUE

Contenant une application très-variée des 4 opérations de l'arithmétique à toutes les unités légales, et principalement aux questions les plus usuelles relatives à la mesure des lignes, des surfaces et des solides.

Ouvrage également utile aux écoles de tous les degrés, aux ouvriers et aux propriétaires.

Par R. DEMOND, Directeur de l'Ecole Municipale (Supérieure) *d'Orléans*.

ORLÉANS
Chez les principaux libraires.

1854.

IMP. LITHOG. & AUTOC. DE GOUEFFON,

Rue de la Cerche, N° 14.

ORLÉANS.

Aux Instituteurs.

Mes chers Collègues,

En composant ce Traité de Système métrique que je vous dédie, je n'ai point eu l'intention de faire un nouveau livre. J'ai voulu tout simplement vous offrir le fruit de 20 années d'expérience et d'une pratique constante dans les cours publics et au milieu des enfants de mon école. Les heureux résultats que j'en ai retirés, même pour les intelligences les plus ordinaires, les encouragements que m'ont donnés des hommes spéciaux et d'un mérite reconnu, m'ont déterminé à publier cet ouvrage uniquement dans le but de populariser un enseignement aussi précieux. Je me suis proposé de coordonner les diverses parties du Système métrique de manière à former, sous le rapport de la théorie et de la pratique, un ensemble aussi complet que possible. J'ai tâché, par dessus tout, que l'application des 4 opérations de l'arithmétique aux questions les plus usuelles relatives aux lignes, aux surfaces et aux solides, ainsi qu'aux autres unités du Système, fût présentée d'une manière si simple, qu'elle pût être accessible à tous les enfants qui savent multiplier et diviser. Si le plan que j'ai suivi peut vous être agréable; si vous voulez bien l'expérimenter, j'ose espérer que vous en retirerez comme moi les plus heureux fruits, et je me trouverai par là trop payé du peu de peine que ce travail m'aura coûtée.

Chapitre 1er.

Notions Préliminaires.

Le Système des Poids et Mesures en usage aujourd'hui dans toute la France est considéré à juste titre non-seulement comme un bienfait pour les relations commerciales, mais encore comme l'une des inventions les plus utiles à l'humanité. En effet, si nous considérons le nombre infini des poids et mesures qui existaient avant l'établissement du système métrique, nous comprendrons sans peine combien un tel état de choses devait avoir d'inconvénients: Les provinces, même les plus rapprochées, étaient isolées, pour ainsi dire, les unes des autres; la circulation des marchandises se trouvait considérablement gênée; enfin, le commerce était non-seulement pénible, mais encore dangereux pour ceux qui ne connaissaient point les rapports de toutes ces mesures entre elles. De là des trafics honteux, des abus de confiance sans nombre, source intarissable de querelles et de procès. Aujourd'hui, cette cause de discorde a complètement disparu; au lieu de ces poids et mesures se diversifiant à l'infini, n'ayant le plus souvent pour origine que le caprice ou le désir de la fraude, nous avons un système de mesures adopté par toute la France, dans le plus petit village comme dans les plus grandes villes, dont la base est inaltérable et tout-à-fait indépendante de la volonté de l'homme, puisqu'elle est prise dans la nature elle même.

Pour établir l'uniformité des poids et mesures, on ne pouvait adopter aucun des systèmes qui avaient existé jusqu'alors, car pas un ne reposait sur un principe solide. Il fallait donc en créer un nouveau qui ne péchât point par la base; c'est ce qu'on fit, en prenant pour point de départ l'unité de longueur. La chose la plus importante était de déterminer avec toutes les conditions de précision et de stabilité désirables cette base sur laquelle devait reposer tout le système: Il fallait pour cela qu'elle fût la plus naturelle, la plus inaltérable possible. On songea d'abord à prendre la hauteur d'un monument remarquable, ou bien encore la distance entre deux villes importantes, mais l'idée du temps qui détruit tout fit renoncer à ce projet, et l'on décida que l'unité de longueur serait tirée du contour même de la terre : grande et belle œuvre, dont le gouvernement confia l'exécution à M. M. Méchain et Delambre.

Les travaux de ces savants, commencés en 1791 et interrompus pendant la Révolution, furent terminés en 1799, avec la plus grande précision, malgré les obstacles de tous genres qu'ils eurent à surmonter. Nous n'avons point à nous occuper ici des opérations au moyen desquelles l'unité de longueur a été déterminée ; nous nous contenterons d'en exposer le résultat, en rappelant d'abord très succinctement quelques notions relatives à notre globe, et indispensables pour bien faire comprendre comment l'unité de longueur a été tirée du contour du globe.

Notions sur le globe terrestre.

La terre que nous habitons a la forme d'une boule immense qui, dans l'espace de 24 heures, tourne sur elle-même autour d'une ligne supposée A B qu'on nomme *axe*, et dont les deux extrémités se

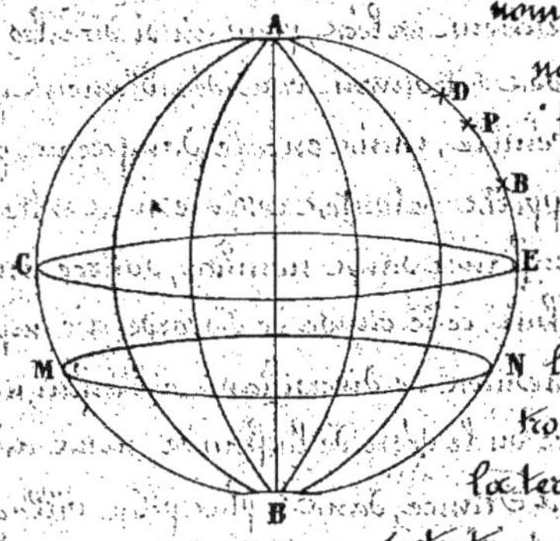

nomment *pôles* ; l'un, pôle nord, au point A ; l'autre, pôle sud, au point B. Par ce mouvement de rotation, la terre présente successivement toutes ses faces au soleil qui reste immobile ; c'est là ce qui produit l'alternative du jour et de la nuit. A égale distance des deux pôles, se trouve un cercle C E nommé *équateur*, qui partage la terre en deux hémisphères (*moitiés de sphère*) l'un septentrional C A E, l'autre méridional C B E. Ce cercle et celui qui passe par les 2 pôles, sont appelés *grands cercles*, parce qu'ils ont le même centre que la sphère, par opposition au cercle M N appelé *petit cercle*, parce que son centre n'est pas le même que celui de la sphère. Le cercle A C B E qui passe par les 2 pôles est en outre appelé *méridien*, parce qu'il est midi en même temps pour tous les peuples qui sont dans sa direction, du côté A E B, et minuit pour tous ceux qui sont de l'autre côté, dans la même direction A C B.

Par un effet du mouvement que la terre exécute sur elle-même, elle est aplatie à chaque pôle de 4 lieues ½ environ et par conséquent renflée vers l'équateur ; de sorte que si l'on en faisait le tour en suivant un méridien, on ferait à peu près 9 lieues de moins qu'en suivant la direction de l'équateur. Cette différence est toutefois insensible eu égard à l'immensité de la terre qui n'en est pas moins considérée comme ronde.

Par chaque point du globe, il est toujours possible de supposer une circonférence qui en fasse le tour en passant par les deux pôles : Il pourrait donc y avoir une quantité incalculable de méridiens. Chaque peuple a choisi le sien ; celui que la France a adopté passe par l'Observatoire de Paris et les villes de Dunkerque, sous-préfecture du département du Nord, sur la mer du Nord, et de Barcelone en Espagne, sur la Méditerranée. Pour fixer les idées, désignons ces trois villes par les initiales D.P.B. placées sur le 1/4 du méridien A E.

Détermination du Mètre.

Il avait été convenu que la nouvelle unité de longueur serait prise sur le quart du méridien ; mais il fallait pour cela que cet arc fût mesuré : Or, comme il ne pouvait l'être en entier à cause des difficultés insurmontables qu'auraient présentées les mers polaires, toujours couvertes de glaces, on mesura seulement la portion de l'arc comprise entre Dunkerque et Barcelone, que l'on trouva de 551,585 toises (*ancienne unité de longueur usitée avant la découverte du mètre*) Restait à déterminer la longueur de l'arc entier ; voici comment on y arriva :

Le contour du méridien se divise, comme toute circonférence, en 360 parties égales appelées degrés ; par conséquent, le 1/4 de ce méridien A E vaut le 1/4 de 360 ou 90 degrés. D'un autre côté, la portion de ce méridien, comprise entre Dunkerque et Barcelone étant de 9° 2/3, si l'on divise les 551,585 toises, distance qui sépare ces deux villes, par 9° 2/3 valeur de cette même distance en degrés, on obtient 57060, 55 toises pour un degré terrestre. Maintenant, puisqu'il y a 90° de l'équateur au pôle, on aura 90 fois 57,060,55 ou 5.135.449 toises pour le 1/4 du méridien.

Nous venons d'opérer en supposant la terre parfaitement ronde, mais nous avons vu plus haut qu'elle est un peu aplatie aux deux pôles. En ayant égard à cet aplatissement de la terre, la longueur du 1/4 du méridien se trouve réduite à 5.130.740 toises.

Résumé.

Distance de Dunkerque à Barcelone .... 551.585 toises
Valeur de l'arc compris entre ces 2 villes .... $9^{\circ}\ \frac{2}{3}$
$551\,585 : 9\,\frac{2}{3} =$ .... 57060.55 valeur d'un degré terrestre.
$57060.55 \times 90 =$ la distance de l'équateur au pôle .... 5.135.449 toises
Réduction occasionnée par l'aplatissement aux pôles .... 5.130.740 id.

On avait décidé que les multiples et les sous-multiples décimaux seraient seuls employés dans le nouveau système des poids et mesures. En conséquence, la longueur du 1/4 du méridien 5.130.740 toises fut divisée en 10 millions de parties égales, et c'est à l'une de ces parties que l'on donna le nom de *mètre*, (mesure) dont la longueur est de 3 pieds 11 lignes 296, ou 443 lignes 296. La toise se subdivisait en 6 *pieds*, le pied en 12 *pouces* et le pouce en 12 *lignes*.

On aurait pu diviser le 1/4 du méridien par 100.000.000 au lieu de 10.000.000; mais alors le diviseur étant dix fois plus fort, le quotient aurait été 10 fois plus faible, ce qui aurait donné le décimètre, unité de longueur qui eût été beaucoup trop petite.

On aurait pu aussi diviser par 1.000.000; dans ce cas, le diviseur étant dix fois plus petit, le quotient eût été dix fois plus fort; on aurait eu alors le *décamètre*, unité de longueur qui eût été beaucoup trop grande. On a donc sagement agi en prenant pour diviseur 10.000.000, puisqu'on a ainsi obtenu le mètre, unité qui n'est ni trop grande ni trop petite.

Le mètre est donc la dix-millionième partie du 1/4 du méridien; c'est l'unité de longueur qui sert de base à toutes les autres unités du nouveau système, qu'on appelle pour cette raison *système métrique* ou bien encore *système légal* parcequ'il est prescrit par la loi.

Tableau de toutes les unités
adoptées dans la pratique du système métrique.

1°. Le Mètre, ... unité de mesure pour les longueurs.
2°. Le Mètre carré, ... pour les surfaces ordinaires.
3°. L'are, ... pour les surfaces arables ou les champs.
4°. Le mètre cube ou Stère, ... pour les solides, volumes ou corps.
5°. Le Litre, ou décimètre cube, ... pour les capacités ou contenances.
6°. Le Gramme, ... pour les poids.
7°. Le Franc, ... unité de monnaie.

Nous parlerons d'abord de l'unité de longueur, en faisant remarquer, avant tout, que dans la pratique on emploie les noms suivants pour les composés et les subdivisions de l'unité.

1°	Déca	au lieu de	dix.
2°	Hecto	———	cent.
3°	Kilo	———	mille.
4°	Myria	———	dix-mille.
5°	Déci	———	dixième.
6°	Centi	———	centième.
7°	Milli	———	millième.

L'avantage que présentent ces nouvelles dénominations, c'est qu'en écrivant à la droite de chacune le nom d'une unité quelconque, on exprime d'une seule fois un nombre pour l'énonciation duquel plusieurs mots seraient nécessaires; Ainsi l'on dit :

1°.	Décalitre,	au lieu de	dix litres.
2°.	Hectomètre,	———	cent mètres.
3°.	Myriagramme,	———	dix-mille grammes.
4°.	Centiare,	———	centième de l'are.

Le Franc est la seule unité à laquelle ces noms ne sont point applicables; ainsi on ne dit point :

Deca franc,
Hecto franc,
Déci franc,
Centi franc.

Pour les composés, on emploie les noms ordinaires : dix francs, cent francs, mille francs. Quant aux subdivisions, elles sont exprimées par les mots : décime, centime.

Chapitre 11.

Du Mètre, unité de longueur.

Mesurer une ligne, c'est chercher combien de fois elle en contient une autre à laquelle on la compare et que l'on prend comme unité, c'est-à-dire comme point de départ. Cette unité est le mètre, mesure des plus commodes à cause de ses rapports très simples avec les habitudes de l'homme. Ainsi un homme de moyenne taille peut s'en servir comme d'une canne ; elle est à peu près la longueur du pas ordinaire ; une épée d'officier a un mètre ; enfin si l'on porte dix fois sur une même ligne la largeur d'une main moyenne, on trouve à peu de chose près la longueur du mètre, ce qui donne un décimètre pour la largeur de la main et 2 centimètres environ pour celle de chaque doigt.

Il est très important et en même temps très facile de se familiariser avec la longueur du mètre ; ainsi, il n'est personne qui ne puisse retenir aisément le nombre de centimètres contenus dans la longueur du bras tendu, de l'épaule ou du coude à l'extrémité des doigts ; ou bien encore, qui ne puisse se faire à l'instant même l'idée du mètre entier, en remarquant à quel point vient aboutir le mètre appliqué sur le côté du corps, et reposant sur le même plan que les pieds.

Des Subdivisions du Mètre.

Le mètre se divise en dix parties égales appelées *décimètres* ; chaque décimètre vaut à son tour dix parties égales, de sorte que les dix décimètres du mètre donnent dix fois dix ou cent parties appelées alors *centimètres* : le centimètre est donc le dixième du décimètre et le centième du mètre. Il se décompose lui-même en 10 autres parties égales, ce qui donne en dernier lieu pour la longueur du mètre : 100 fois 10 ou mille parties appelées dans ce cas *millimètres*. Le millimètre est donc le dixième du centimètre, le centième du décimètre et enfin le millième du mètre. Toutes ces divisions sont tracées sur le mètre, et on les compte au moyen des nombres 10. 20. 30. 40. 50. 60. 70. 80. 90. 100 : Ainsi, au 1er décimètre, on voit écrit le nombre dix, rappelant que le décimètre vaut 10 centimètres ; au 6me décimètre, on lit le nombre 60, indiquant que les 6 décimètres valent 60 centimètres et ainsi de suite. Afin qu'on puisse apercevoir du 1er coup-d'œil le milieu de chaque décimètre, le cinquième centimètre est marqué par un trait plus long que les autres. Quant aux millimètres, ils ne sont tracés que sur le 1er décimètre d'un bout, et l'on voit aussi du 1er coup-d'œil le milieu de chaque centimètre indiqué par un trait plus long que les autres. Comme il est impossible de pousser plus loin la subdivision, on est forcé de s'arrêter au millimètre qui est plus que suffisant pour les besoins ordinaires de la vie.

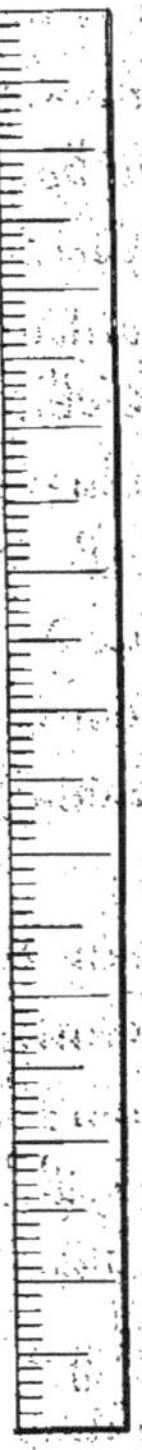

Au dessous du mètre, on emploie encore le demi-mètre ou le double décimètre ; ce dernier surtout est très commode comme mesure de poche ; il est ordinairement en buis, et a le plus souvent la forme triangulaire. Les subdivisions en centimètres et en millimètres sont marquées avec beaucoup de précision, et présentent cet avantage qu'elles touchent immédiatement la surface sur laquelle est appliqué le double décimètre ; de sorte qu'on peut tracer tout de suite une ligne d'une grandeur déterminée, sans avoir besoin de prendre cette longueur avec le compas pour la reporter ensuite sur le papier. On a aussi des *mètres brisés*

dont les dix décimètres se replient les uns sur les autres, et qui sont encore plus faciles à porter sur soi que les doubles décimètres.

Voyons maintenant les composés du mètre.

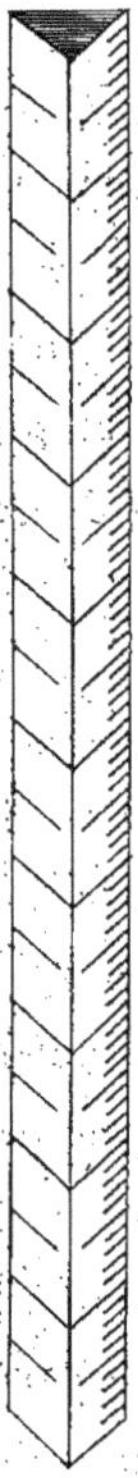

Des Composés du Mètre.

En plaçant dix mètres bout à bout, on obtient une longueur appelée décamètre. Cette mesure a différentes formes: celle dont se servent les arpenteurs est composée de 50 bouts de gros fil de fer appelés chaînons, ayant chacun 2 décimètres, et unis les uns aux autres par leurs extrémités contournées en forme d'anneaux. Chaque mètre contient donc 5 chaînons; ses deux extrémités sont terminées par un anneau en cuivre qui sert à le faire reconnaître au 1er coup-d'œil. Aux deux bouts du décamètre, se trouvent deux poignées dont chacune est prise sur la longueur du dernier chaînon. Le milieu est indiqué par une tige de fer ayant 5 centimètres de long.

Pour se servir du décamètre, il faut avoir soin de le tendre bien horizontalement, en veillant à ce que les anneaux ne soient pas retournés les uns sur les autres. Comme il pourrait arriver qu'à force d'être tirée, la chaîne s'allongeât un peu, il faut de temps en temps la vérifier en l'appliquant sur une ligne de 10 mètres qu'on a mesurée avec beaucoup de soin sur une surface bien unie. S'il y a une différence en plus, on en tient compte à la fin de l'opération. Le mesurage d'une ligne au moyen du décamètre exige toujours la présence de deux personnes: celle qui marche en avant porte 10 fiches; elle en plante une à l'extrémité du 1er décamètre; une autre à l'extrémité du 2me; une autre à l'extrémité du 3me, ainsi de suite. Ces fiches repassent successivement dans les mains de la personne qui marche en arrière, et lorsque celle-ci a relevé les dix fiches, elle inscrit 100 mètres et les repasse à la 1re qui marche en avant.

Les ingénieurs, les architectes et presque tous les ouvriers se servent aussi du décamètre; mais alors il n'a plus la même forme; c'est un ruban verni sur lequel sont marquées dans toute la longueur, les divisions en mètres, décimètres et centimètres. Ce ruban s'enroule au moyen d'une petite manivelle à l'intérieur d'un étui en cuir ayant la forme d'une *roulette*, nom que l'on donne dans ce cas au décamètre.

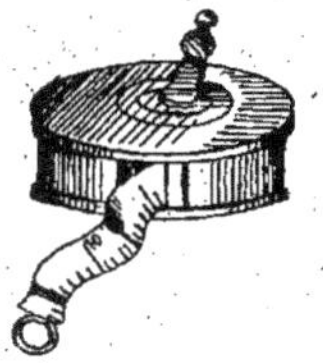

Dix décamètres portés à la suite les uns des autres donnent une longueur appelée *hectomètre*; dix hectomètres font un *Kilomètre*; enfin 10 Kilomètres donnent le *Myriamètre*.

Mesures Itinéraires.

L'Hectomètre, le Kilomètre et le Myriamètre ne sont point des mesures effectives, c'est-à-dire qui existent en effet comme le mètre et le décamètre; elles servent plus particulièrement à évaluer la longueur des routes, et c'est pour cela qu'on les a nommées mesures *itinéraires*, c'est-à-dire de chemin. Ainsi, les routes sont aujourd'hui divisées en Kilomètres: entre deux bornes on en voit d'autres plus petites en bois ou en pierre, indiquant les hectomètres: On ne compte toujours que 9 de ces dernières, car le Kilomètre suivant tient lieu de la 10me.

Les distances ne doivent donc plus être exprimées qu'en Kilomètres ou en myriamètres; de sorte qu'au lieu de dire qu'il y a 30 lieues d'Orléans à Paris, on se servira de ces mots: 120 *Kilomètres* ou *12 Myriamètres*, en prenant 4 Kilomètres pour la valeur d'une lieue.

Unité de longueur
proportionnée aux lignes que l'on veut mesurer.

Après avoir parlé de toutes les subdivisions et de tous les composés du mètre, il est utile de dire dans quel cas chacun peut être pris comme unité de mesure. *Mesurer* une ligne, c'est chercher combien de fois elle contient une unité déterminée à l'avance; on conçoit très bien dès-lors que l'unité choisie doit être proportionnée aux lignes que l'on doit mesurer: ainsi, la longueur d'un crayon, d'un porte-plume, d'une règle, sera exprimée en *centimètres*; l'épaisseur d'un livre, si elle est peu considérable, sera énoncée en *millimètres*; On ne comparera pas la longueur d'une salle au Kilomètre, mais à l'unité de mètre; de même les distances très grandes ne seront point évaluées en mètres, mais en Kilomètres ou en Myriamètres : c'est ainsi que pour exprimer la plus grande longueur de l'Europe, on dira bien plus commodément 5500 Kilom ou 550 myriamètres que 5 500 000 mètres.

Avantage résultant de la comparaison du nouveau Système à l'ancien.

En terminant tout ce qu'il y a de plus important à dire sur chaque unité du nouveau système, il est aussi utile d'ajouter quelques mots sur l'unité correspondante tolérée avant 1840, eu égard à son rapport très simple avec la mesure légale, qu'il serait absurde de revenir sur les anciennes mesures usitées avant la création du système métrique, et qui sont depuis long-temps complètement abandonnées.

Sans doute, quelques auteurs ont insisté sur la suppression absolue de tout ce qui peut rappeler les anciennes mesures dans les écoles, mais on peut objecter que, pour bien faire ressortir les avantages du nouveau système, il peut être permis de mettre en évidence les inconvénients de l'ancien système. De cette manière, l'enfant jugeant par comparaison, fera vite son choix et il le fera bien ; alors il y aura moins de danger, qu'au sortir de l'école, il abandonne les principes qu'il y aura reçus, pour se laisser aller à la routine ordinaire des ateliers.

Au contraire, la connaissance des rapports qui existent entre l'ancien et le nouveau système, pourra lui fournir l'occasion de corriger le langage de ses camarades, ce qui lui sera toujours très-facile par la simplicité des calculs qu'on lui aura enseignés pour passer d'un système à l'autre.

Unités de longueur usitées avant 1840.

Avant 1840, l'emploi du mètre n'était pas encore obligatoire : on se servait pour mesurer les étoffes, de l'*aune* qui valait douze décimètres, c'est-à-dire deux décimètres de plus que le mètre ; ce dernier peut donc être considéré comme une aune diminuée de deux décimètres ou d'un 6me. Ainsi, une étoffe qui coûte 18^f l'aune, revient à 15^f le mètre ; une autre qui vaut 12^f l'aune, revient à 10^f le mètre ; ainsi de suite, en retranchant toujours le sixième du prix de l'aune, pour trouver le prix du mètre. On rencontre encore des personnes tellement habituées aux mots demi, tiers, quart, cinquième, sixième, huitième, douzième de l'aune, qu'elles ne peuvent changer leur langage. Tel est le motif qui avait fait adopter, comme moyen de transition, l'aune de 120 centimètres qui admet exactement tous ces diviseurs. Rien n'est pourtant plus facile que l'emploi des termes ordonnés par la loi. En effet, puisque l'aune vaut 120 centimètres,

une demi-aune	=	0^m, 60
un tiers "	=	0 , 40
un quart "	=	0 , 30
un cinquième "	=	0 , 24
un sixième "	=	0 , 20
un huitième "	=	0 , 15
un dixième "	=	0 , 12
un douzième "	=	0 , 10

Supposons maintenant qu'on vienne demander à un marchand 3 aunes $\frac{1}{5}$ d'une étoffe qu'il vend 12^f le mètre ; voici le calcul très-simple qu'il aura à faire :

3 aunes valent 3 fois 1^m, 20 ou	3^m, 60
un cinquième vaut	0 , 24
Total	3 , 84

Multipliant 3^m, 84 par le prix du mètre 12^f, il trouvera 3, 84 × 12^f = 46^f 08 pour la somme qui devra lui être payée.

Pour mesurer les longueurs ordinaires, on employait la *toise*, formée de 2 mètres placés bout à bout. Cette toise était divisée comme l'ancienne en six pieds ; le pied en 12 pouces, le pouce en 12 lignes : il est donc très facile de savoir combien le pied, le pouce et la ligne valent en mesures métriques : en effet, puisque le mètre vaut 1000 millimètres

Le pied qui est le tiers du mètre, vaut	0^m, 333	millimètres
Le pouce qui est le $\frac{1}{12}$ du pied, vaut	0, 027	id
La ligne qui est le $\frac{1}{12}$ du pouce, vaut	0, 002	id

(Observation) On peut se contenter de 3 chiffres décimaux, si l'on n'a pas besoin d'une grande exactitude.

Supposons maintenant qu'un ouvrier qui ne connaît point encore le système métrique, présente un mémoire de 6 toises, 5 pieds, 9 pouces et 8 lignes d'un ouvrage qui doit lui être payé 6^f. le mètre. Voici comment on lui fera son compte :

Six toises valent 6 fois 2 mètres,	ou	. . . .	12^m,
Cinq pieds valent 5 fois 0, 333	ou	. . . .	1 , 665
Neuf pouces valent 7 fois 0, 027	ou	. . . .	0 , 243
Huit lignes valent 8 fois 0, 002	ou	. . . .	0 , 016
		Total	13 , 924

Il ne reste plus qu'à multiplier ces 13^m, 924 par le prix d'un mètre 6^f, ce qui donne pour produit 83^f, 54 somme qui doit être remise à l'ouvrier.

Il faut bien se garder de confondre la toise métrique dont nous venons de parler, avec l'ancienne toise dite du Pérou, dont il a déjà été question au commencement du Cours, et dont le mètre est les 0^T, 513 d'après le calcul suivant :

La distance de l'équateur au pôle est de 10.000.000 de mètres ou 5.130.740 toises : un seul mètre vaut donc la dix-millionième partie de 5.130.740 toises, ou 0^T, 513, en reculant la virgule de 7 vers la gauche.

L'ancienne lieue de poste correspondait à 5 Kilomètres, tandis que la nouvelle n'en vaut plus que 4.

S'il arrivait qu'on eût des lieues anciennes à convertir en lieues nouvelles, il faudrait donc multiplier d'abord les premières par 5 pour les réduire en Kilomètres, et diviser ensuite par 4.

On trouve ainsi que 20 lieues de poste, anciennes, valent 100 Kilomètres, ou 25 lieues nouvelles de 4 Kilomètres.

On ferait le contraire, si l'on avait des lieues nouvelles à convertir en anciennes lieues de poste : on multiplierait d'abord par 4 pour les convertir en Kilomètres, et l'on diviserait ensuite par 5. On trouve ainsi que 30 lieues de 4 Kilomètres font 24 lieues anciennes de 5 Kilomètres.

Chapitre III.

Unité de mesure pour les surfaces. Mètre carré.

On appelle *Surface* tout ce qui a deux dimensions : longueur et largeur, abstraction faite de toute idée d'épaisseur. Mesurer une surface, le plafond d'une chambre, par exemple, c'est chercher combien de fois elle contient une autre surface plus petite, prise comme point de comparaison, comme unité.

Puisque le mètre est l'unité de longueur, il est donc tout naturel de prendre pour unité de mesure des surfaces, un carré d'un mètre de côté, c'est ce qu'on appelle le *mètre carré*, dont on comprend ainsi tout de suite le rapport avec le mètre, unité de longueur.

Subdivisions du mètre carré.

Manière abrégée d'indiquer les mètres carrés.

Nous avons vu que le mètre vaut 10 décimètres, mais il n'en est pas de même pour le mètre carré, qui se décompose en 100 décimètres carrés, comme on le voit dans la figure suivante.

Supposons le carré A.B.C.D. d'un mètre de côté, et partageons en 10 décimètres chacun des 2 côtés *adjacents* A.B. et A.C. (On appelle *côtés adjacents* ceux qui aboutissent au même *point*.) Si par chaque point de division du côté A.B on mène des parallèles au côté A.C, on obtient 10 bandes ayant chacune un mètre de long sur un décimètre de largeur. Maintenant, si l'on mène également des parallèles par chaque point de division du côté A.C, on voit se former dans la première bande 10 carrés qui ont un décimètre de côté ; or, comme il y a 10 bandes pareilles dans le carré, il contient donc 10 fois 10 ou cent décimètres carrés. On démontrerait de la même manière que le décimètre carré vaut cent centimètres carrés ; que le centimètre carré vaut cent millimètres carrés. Comme on vient de le voir, le mètre carré se décompose en parties de cent en cent fois plus petites, et vaut 100 décimètres carrés ou dix mille centi carrés, ou enfin un million de millimètres carrés.

Nous avons vu en arithmétique que les centièmes occupent le 2e rang à droite de l'unité ; par conséquent, les décimètres carrés étant des centièmes de mètre carré, doivent occuper le 2e rang à droite de la virgule décimale. Pour la même raison, les centimètres carrés doivent tenir le 2e rang à droite des décimètres carrés, et enfin les millimètres carrés, le 2e rang à droite des centimètres carrés. Donc, chaque fois que l'on fera un calcul de mètres carrés, il faudra toujours prendre après la virgule décimale 2 chiffres pour les décimètres carrés ; 2 autres chiffres pour les centimètres carrés, et enfin 2 autres pour les millimètres carrés, comme dans les exemples suivants :

1° huit mètres carrés, sept décimètres carrés . . . . $8^{m.c.}$, 07

2° quinze mètres carrés, douze décimètres carrés, neuf centi carrés 15, 12, 09

3° un mètre carré, trente cinq centimètres carrés 1, 00, 35

Applications du mètre carré
à la mesure des surfaces.

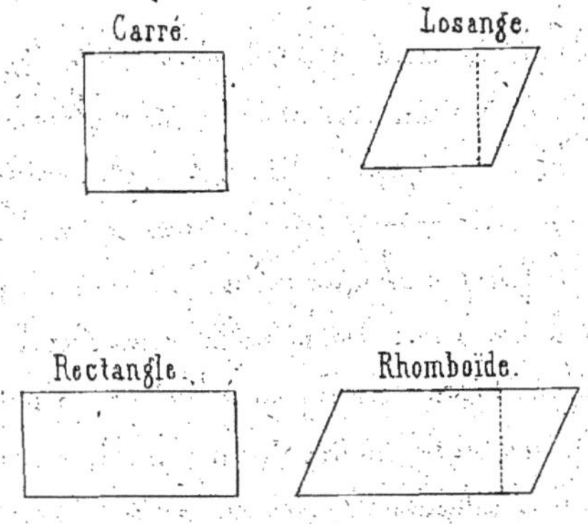

Lorsqu'on veut mesurer une surface, on ne prend pas en réalité un mètre carré que l'on porte sur cette surface autant de fois qu'il peut y être contenu. On y arrive par le calcul, en multipliant la longueur par la largeur ; mais il faut pour cela que la surface à mesurer ait l'une des formes ci-contre, auxquelles on a donné le nom général de parallélogrammes. Dans le cas où la figure est un losange ou un rhomboïde, on en obtient la surface en multipliant un côté par la perpendiculaire menée entre ce côté et celui qui est opposé.

Supposons, pour fixer les idées, qu'il faille chercher le nombre de mètres carrés contenus dans le carrelage d'une chambre de la forme suivante ABMN:

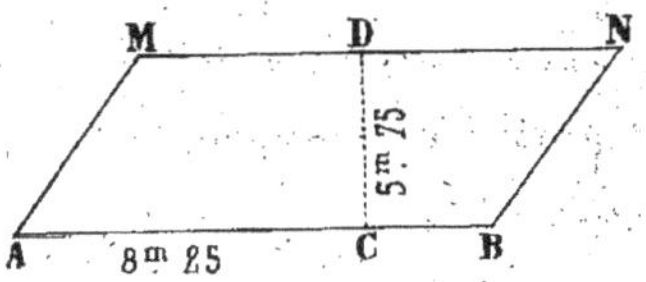

On n'a qu'à multiplier la longueur AB, par la perpendiculaire CD, menée entre le côté AB et son opposé MN, ce qui donne : 8.25×5.75 = 47, 43.75 que l'on énonce ainsi : quarante sept mètres carrés, quarante trois décimètres carrés, soixante quinze centimètres carrés, d'après ce que nous venons de voir en parlant de la subdivision du mètre carré.

S'il s'agissait de mesurer un triangle, on multiplierait l'un des côtés pris comme *base*, par la *hauteur*, c'est-à-dire la perpendiculaire menée du sommet opposé, sur ce côté; on prendrait ensuite la moitié du produit en considérant qu'un triangle est toujours la moitié d'un parallélogramme de même base et de même hauteur.

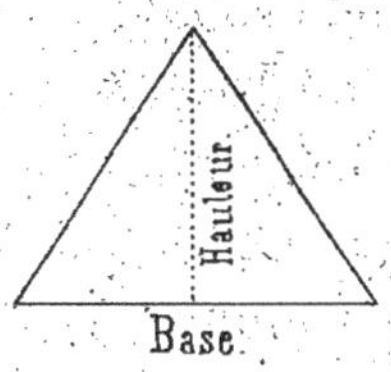

Ainsi, pour avoir la surface du triangle ACB dont la base AB est de 8, 25 et la hauteur CD de 6,50, on trouve :

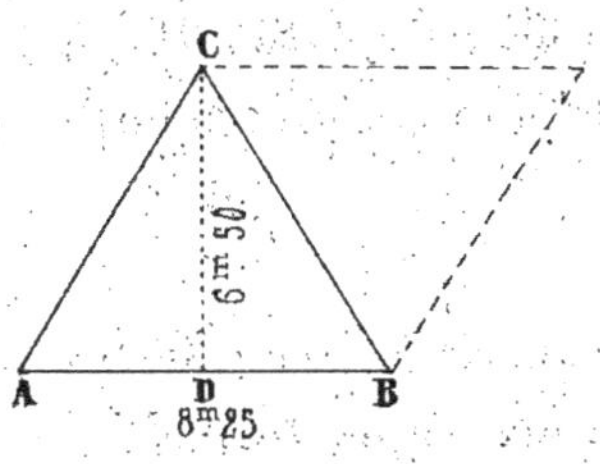

$$\frac{8,25 \times 6,50}{2} = 26,81,25$$

que l'on énonce ainsi : 26 mètres carrés, 81 décimètres carrés, 25 centimètres carrés.

Les figures ABCD . EFGH dans chacune desquelles on ne voit que deux côtés parallèles savoir : AB parallèle à CD ; et EF parallèle à GH sont appelées *trapèzes*.

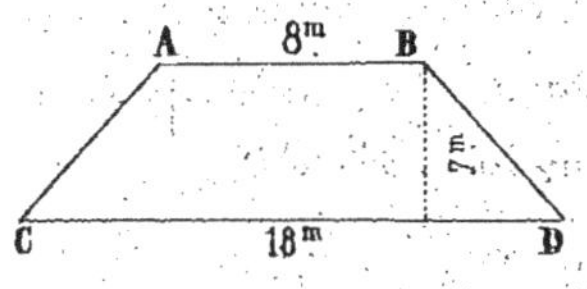

On en obtient la surface en multipliant la demi somme des côtés parallèles par la perpendiculaire menée entre les deux.

Ainsi pour avoir la surface du trapèze ABCD on a : 8 + 18 = 26 *total des bases parallèles*

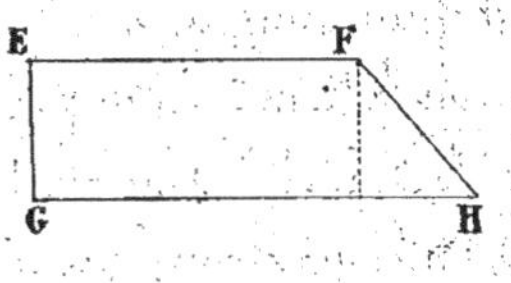

$$\frac{26}{2} \times 7 = 91 \text{ mètres carrés.}$$

Si l'on avait à mesurer une surface irrégulière ABCDEFGHIJ, on tracerait une

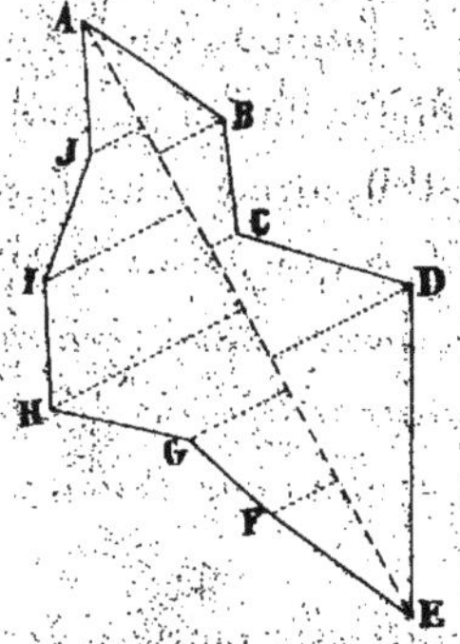

ligne droite entre les deux sommets les plus éloignés, de chacun des autres sommets on abaisserait sur cette ligne des perpendiculaires qui décomposeraient la figure totale en triangles et en trapèzes, dont on obtiendrait séparément la surface ; ensuite, faisant le total de ces surfaces partielles, on aurait la superficie de la figure entière.

Si la surface était régulière, c'est-à-dire si tous les angles et les côtés étaient égaux, on aurait alors une figure appelée *Polygone régulier*. Dans ce cas, on en obtiendrait la surface en multipliant le contour par la moitié de la perpendiculaire abaissée du centre sur le milieu d'un côté, et que l'on nomme *Apothème* : Ainsi, pour avoir la surface du polygone régulier ABCDEF dont un des côtés est de 4 mètres et l'apothème de 3,45, on en prend le contour qui est de 6 fois 4 mètres = 24^{m} que l'on multiplie par la moitié de l'apothème OI ou par 1,725, ce qui donne 41^{m}40 carrés pour superficie du polygone régulier.

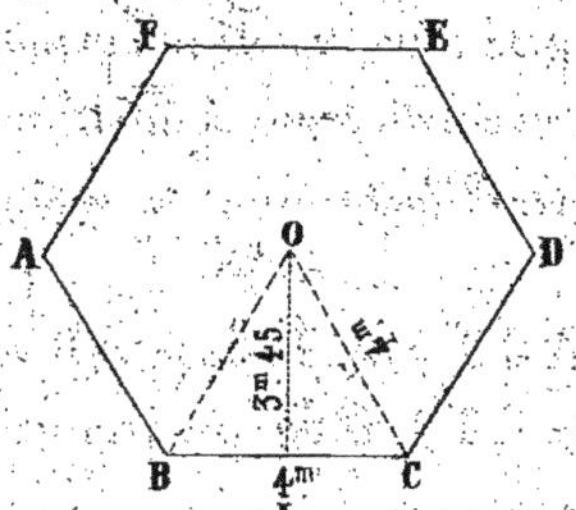

Le Cercle, c'est-à-dire la surface limitée par la circonférence KLMN, doit être considéré comme un polygone régulier d'un nombre infini de côtés ; par conséquent, on le mesurera de la même manière, en multipliant le contour par la moitié de l'apothème qui, dans ce cas, n'est pas autre chose que le rayon du cercle OM.

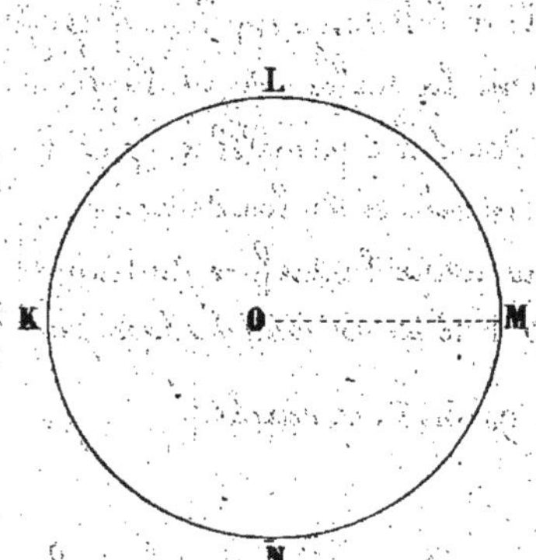

Mais pour multiplier le contour par la moitié du rayon, il faut connaître ce dernier : or, voici comment on le trouve. On prouve en géométrie que si le diamètre d'un cercle est 1, le contour est 3,1416 ; par conséquent, si le diamètre est 2, le contour sera deux fois

3,1416 = 6,2832, ainsi de suite; le contour du cercle est donc un produit dont les facteurs sont 1° le diamètre, 2° le nombre invariable 3,1416. Divisant donc le produit, c'est-à-dire la circonférence par le facteur connu 3,1416, on a pour quotient le diamètre dont on prend le quart pour avoir tout de suite la moitié du rayon.

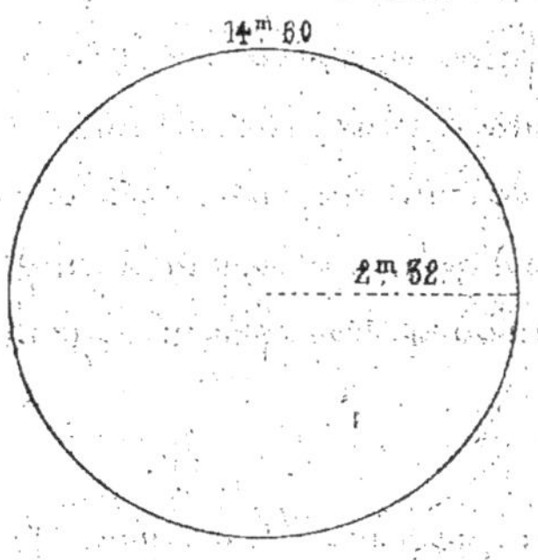

Faisons l'application de cette règle sur un exemple:

Quelle est la surface d'un cercle dont le contour est de 14m, 60?

On a : $\frac{14^{m}\,60}{3,1416} = 4.64$ pour le diamètre

$\frac{4,64}{4} = 1.16$ pour le ½ rayon $14,60 \times 1,16 = 16.93.60$.

C'est-à-dire 16 mètres carrés, 93 décimètres carrés, 60 centimètres carrés, pour la surface du cercle donné.

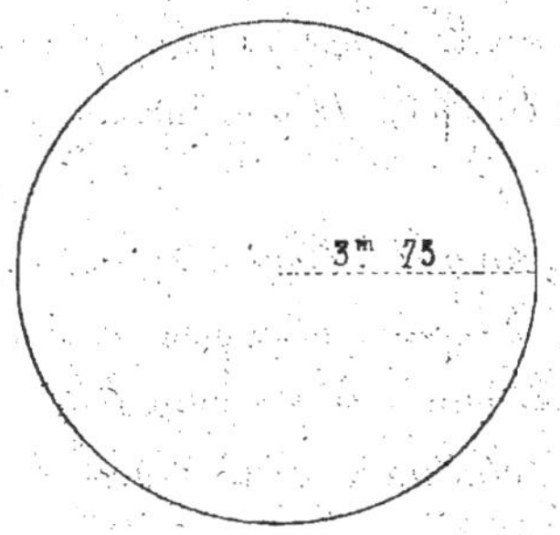

Si le rayon du cercle était donné, il faudrait en chercher le contour en doublant ce rayon pour avoir le diamètre, que l'on multiplierait ensuite par 3,1416, comme nous l'avons vu plus haut.

Appliquons cette règle à l'exemple suivant:

Quelle est la surface d'un cercle de 3m. 75 de rayon?

On a d'abord $3.75 \times 2 = 7^{m}.50$ pour le diamètre, $3,1416 \times 7.50$ donnant $23^{m}.56$ contour du cercle, $23,56 \times \frac{3.75}{2} = 44^{m.c}.17,50$ surface du cercle.

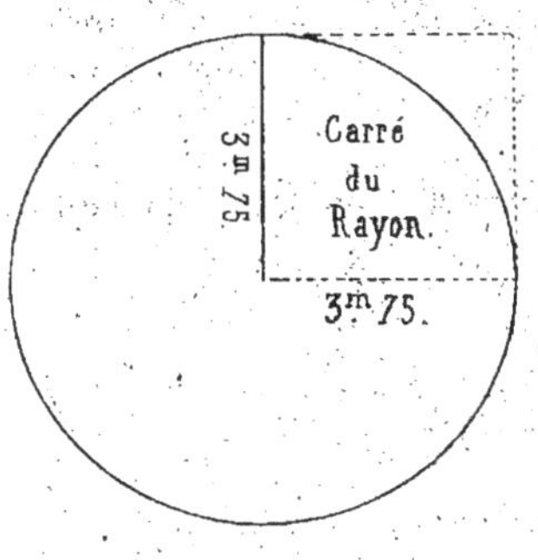

On peut encore obtenir la surface d'un cercle, en multipliant le carré du rayon par 3,1416. Pour nous en convaincre, appliquons cette règle à la dernière question et nous arriverons au même résultat, à peu de chose près.

$3,75 \times 3,75 = 14,0625$ carré du rayon,

$14,0625 \times 3,1416 = 44,17,87$ surface du cercle.

Il est important de bien retenir cette dernière formule, indispensable pour la solution de certains problèmes relatifs aux surfaces ainsi qu'aux solides, et très intéressants.

Il est surtout utile de bien se familiariser avec le nombre constant 3,1416 que l'on emploie à chaque instant dans ces calculs.

Il peut arriver qu'on ait quelquefois à faire un cercle un certain nombre de fois plus grand ou plus petit qu'un autre : pour cela, il faut savoir que les cercles sont entre eux comme les carrés de leurs rayons : c'est-à-dire que si l'on veut avoir un cercle trois fois plus grand qu'un autre, par exemple, il faut que le carré construit sur le rayon du 2e cercle soit trois fois plus grand que le carré construit sur le rayon du 1er cercle.

Exemple :

Un terrain circulaire a $4^{m}75$ de rayon ; que faut-il faire pour le rendre 2 fois 1/2 plus grand ?

On a :

Le carré du rayon $= 4,75 \times 4,75 = 22,56,25$

$22,56,25 \times 2,5 = 56,40,62$ carré du rayon du cercle 2 fois 1/2 plus grand,

$\sqrt{56,40.62} = 7^{m},51$ rayon du cercle 2 fois 1/2 plus grand.

La surface limitée par la ligne courbe qu'on appelle ellipse, se mesure en multipliant la moitié du grand axe par la moitié du petit, et ce premier produit par 3,1416. Ce principe posé, quelle est la surface d'une ellipse dont le grand axe, c'est-à-dire la longueur, est de $3^{m}.50$ et le petit axe, c'est-à-dire la largeur, de $1^{m}.75$?

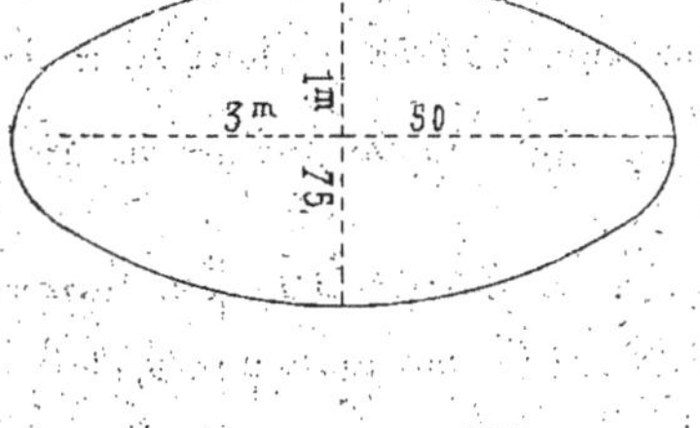

On a : $\dfrac{3,50}{2} \times \dfrac{1,75}{2} = 1,53$ produit des deux demi axes.

$1,53 \times 3,1416 = 4^{m.c.},80,66$ surface demandée.

Unité de mesure
pour les surfaces arables
c'est-à-dire pour les Champs.

Le mètre, le décimètre et le centimètre carrés servent à évaluer les petites surfaces; mais quand il s'agit de surfaces plus grandes, l'unité qu'on emploie doit être proportionnée à l'étendue qu'on veut mesurer; or, comme il serait incommode d'avoir à énoncer un nombre trop considérable de mètres carrés, on a pris pour unité un carré qui a un décamètre de côté, et qu'on nomme pour cela *décamètre carré*, mesure *agraire*, c'est-à-dire pour les champs, que l'on appelle aussi *are*, parcequ'elle sert pour les surfaces *arables* ou labourables.

Puisque l'are est un carré qui a 10 mètres sur chaque côté, si par chaque point de division de deux côtés adjacents on mène des parallèles, comme nous l'avons déjà fait pour le mètre carré, l'are se trouvera ainsi divisé en 100 carrés d'un mètre de côté. Chacun de ces carrés est donc un mètre carré et en même-temps la centième partie de l'are, ou un *centiare*. D'où l'on voit que le mètre carré et le centiare sont exactement la même chose.

Le centiare est la seule subdivision de l'are qui n'admet aussi qu'un seul composé: *l'hectare*. Ce dernier est représenté par un carré qui a un hectomètre de côté; c'est pour cela qu'on l'appelle encore *hectomètre carré*. Maintenant, comme le côté de l'hectare vaut 10 décamètres, si par chacun des points de division de 2 côtés adjacents on mène des parallèles, comme nous l'avons fait pour le mètre carré et pour l'are, l'hectare se trouve ainsi décomposé en 100 carrés qui ont chacun un décamètre de côté, c'est-à-dire en 100 ares ou en dix mille mètres carrés ou centiares, puisque l'are vaut 100 mètres carrés.

Le *déciare* n'existe point, parceque chaque unité de surface doit être un carré tel que son côté soit exprimé par un nombre entier, sans fraction. Or, le déciare vaut dix mètres carrés, et il est impossible de trouver pour côté de cette unité un nombre entier qui, multiplié par lui-même, produise 10.

Même raisonnement pour le *déca-are* qui vaut mille mètres

carrés, lequel nombre ne peut être produit par aucun autre nombre entier multiplié par lui-même.

Comme on le voit par les explications qui précèdent, les ares étant des *centièmes* d'hectare, doivent occuper le 2e rang à droite de la virgule qui les sépare des hectares; de même, les centiares étant des *centièmes* d'are, tiendront aussi le 2e rang à droite de la virgule qui les sépare des ares : par conséquent, le nombre suivant 7 hectares trois ares huit centiares, devra s'écrire de la sorte : $7^h, 03^a, 08^c$.

Que l'on ait à mesurer une pièce de terre, rectangulaire, par exemple, de 185 mètres de long sur 95 centimètres de large. Après avoir multiplié la longueur par la largeur, on trouve pour produit 17575 mètres carrés que l'on énonce ainsi : $1^{\text{hectare}}, 75^{\text{ares}}, 75^{\text{centiares}}$, en séparant le nombre de mètres carrés par tranches de 2 chiffres, de droite à gauche, jusqu'aux unités d'hectares. Même manière d'opérer sur tous les nombres possibles de mètres carrés.

Il faut bien se garder de confondre, comme le font encore certains ouvriers, les *dixièmes de mètre carré* avec les *décimètres carrés* : nous savons que le mètre carré vaut 100 décimètres carrés; donc, le dixième est de dix décimètres carrés, quantité 10 fois plus forte que le décimètre carré. On ne confondra pas non plus le *centième de mètre carré*, qui vaut un décimètre carré, avec le *centimètre carré*, quantité cent fois plus petite.

Bien des gens disent encore *dix mètres carrés* pour désigner un carré qui a dix mètres de côté. Nous savons que ce dernier vaut cent mètres carrés : C'est donc une très grave erreur d'énoncer dix mètres carrés au lieu de 100 ; par conséquent on remplacera cette expression *dix mètres carrés* par l'une de celles-ci :

dix mètres en carré,

ou mieux encore *décamètre carré*.

Anciennes mesures de surface.

Les anciennes mesures destinées aux petites surfaces avant 1840, étaient :

1°. La toise carrée,
2°. Le pied carré,
3°. Le pouce carré,
4°. La ligne carrée.

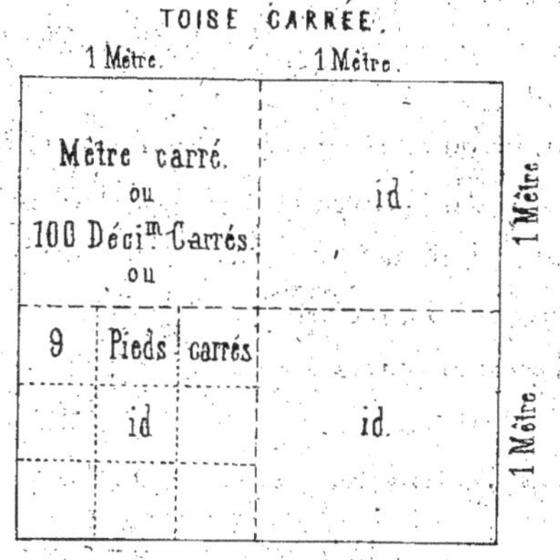

La toise carrée est un carré qui a une toise c'est-à-dire deux mètres sur chaque côté ; elle vaut par conséquent 4 mètres carrés ou 400 décimètres carrés. Nous savons que le mètre, unité de longueur, vaut 3 pieds, ce qui donne pour le mètre carré 3 fois 3 ou 9 pieds carrés ; or, puisque la toise carrée contient 4 mètres carrés, elle vaut donc quatre fois neuf pieds carrés ou 36 pieds carrés, en même temps qu'elle vaut 400 décimètres carrés. Ainsi, pour savoir combien un pied carré vaut de décimètres carrés, il faut donc tout simplement diviser 400 par 36 ou 100 par 9.

Ce qui donne :

$$\frac{400}{36} = 11^{\text{déci.}}, 11^{\text{centi.}} \text{ ou } 1111 \text{ centimètres carrés.}$$

Maintenant, le pied carré est un carré qui a un pied, c'est-à-dire 12 pouces de côté, et qui vaut par conséquent $12 \times 12 = 144$ pouces carrés.

Si l'on veut savoir combien le pouce carré contient de centimètres carrés, on n'a qu'à diviser les 1111 centimètres carrés du pied carré par les 144 pouces carrés qu'il renferme aussi, et l'on a :

$$\frac{1111}{144} = 7 \text{ centimètres carrés } 70^{\text{ milli.}}$$

On trouve également que le pouce carré vaut 144 lignes carrées ; mais comme nous venons de voir qu'il vaut en même temps 7 centi 70 milli ou 770 millimètres carrés, il ne s'agit que de diviser 770 par 144 pour savoir combien une ligne carrée vaut de millimètres carrés.

$$\frac{770}{144} = 5 \text{ millimètres carrés.}$$

Ainsi, en résumant ce qui vient d'être dit, on a :

		mètres carrés
1°.	pour la toise carrée	4, " "
2°.	pour le pied carré	0, 11, 11
3°.	pour le pouce carré	0, 00, 07
4°.	pour la ligne carrée	0, 00, 00, 05

Supposons maintenant un mémoire d'ouvrier contenant trois toises, quatre pieds, neuf pouces carrés d'un ouvrage qui doit lui être payé 6f,75 le mètre ; Combien devra-t-il recevoir ?

Voici comment son compte sera réglé :

1°.	3 toises carrées valent 3 fois 4 mètres carrés =	12, " , "
2°.	4 pieds carrés valent 4 fois 11, 11 =	0, 44, 44
3°.	9 pouces carrés valent 9 fois 7 Centimètres =	0, 00, 63
	Total	12, 45, 07

Multipliant ce total par 6f,75 prix du mètre carré, on a pour produit ce qu'il faut donner à l'ouvrier.

12, 45, 07 × 6f,75 = 84f,04

Anciennes mesures agraires.

Les anciennes mesures agraires les plus usitées étaient la perche et l'arpent.

La perche est une unité agraire représentée par un carré qui a sur chaque côté : 18 pieds

ou 20 id

ou 22 id

Cette dernière mesure servait pour les Eaux et Forêts.

Un arpent est la valeur de 100 perches ; Comme il y a trois sortes de perches, il y a nécessairement aussi trois sortes d'arpents.

1°. Arpent à la perche de 18 pieds,

2°. Arpent à la perche de 20 pieds,

3°. Arpent à la perche de 22 pieds.

Celui qui a toujours été le plus usité dans l'Orléanais, est l'arpent à la perche de 20 pieds, dont la valeur en mesure légale est de $0^{hect}, 42^{ares}, 21^{cent.}$

Maintenant, puisque 100 perches valent $42^{ares}, 21^{c}$, une seule perche vaut cent fois moins, c'est-à-dire $0^{hect}, 00^{ares}, 42^{cent.}$ en reculant la virgule de deux rangs vers la gauche.

D'après cela, un dixième de perche vaudra dix fois moins que $42^{centiares}$ ou $4^{centiares}, 2$

On admet encore une division de la perche appelée *pied de perche*, qui vaut le 20me de la perche de 20 pieds, ou le 18me de celle de 18, ou enfin le 22me de celle de 22. Représentons ce pied de perche, dans la perche de 20 pieds qui nous occupe, par une longueur de 20 pieds sur un pied de large, et voyons comment on le convertit en centiares. Puisque le dixième de la perche vaut $4^{centiares}, 2$ le vingt-ième en vaudra la ½ ou 2, 1 Résultat qu'on obtient en prenant directement le vingt-ième des 42 centiares contenus dans la perche.

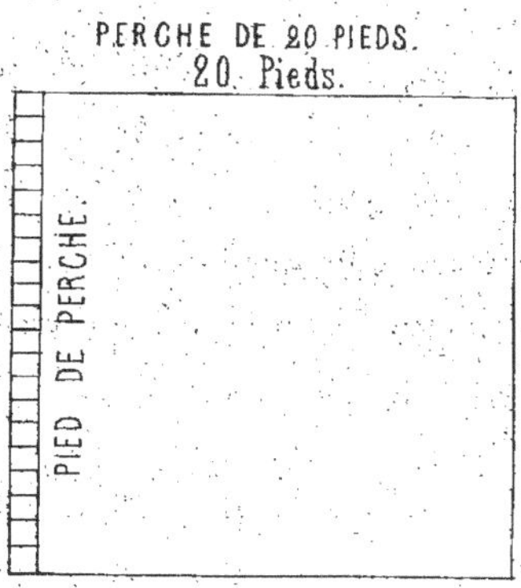

Résumé

Contenant la valeur de l'arpent, de la perche et des fractions de perche, en hectares, ares et centiares.

		hect.	ares	cent.
1°.	L'arpent, perche de 20 pieds, vaut	0,	42,	21
2°.	La perche ...... id .... id	0,	00,	42, 21
3°.	Le dix^{me} de la perche id .... id	0,	00,	04, 2
4°.	Le pied de perche ou le 20me ...... id	0,	00,	02, 1

Supposons maintenant qu'on ait à convertir en mesures légales trois arpents, sept perches, onze pieds.

On aura :

1°.	3 arpents valent	$3 \times 42^{ares},21$	$1^{hect}, 26^{ares}, 63^{cent}$
2°.	7 perches id	$7 \times 42^{cent},21$	0, 02, 95
3°.	11 pieds id	$11 \times 2^{cent},1$	0, 00, 23
		Total ...	$1^h, 29^a, 81^c$

L'arpent des Eaux et Forêts vaut .... $0^h, 51^a, 07^c$

L'arpent de Paris (perche de 18 pieds) vaut 0, 34, 19

Pour chacune de ces unités, on répèterait exactement les mêmes raisonnements qui viennent d'être faits pour l'arpent commun.

Hectare, Ares et Centiares
en Arpents, Perches et fractions de Perche.

Un hectare vaut $2^{arp.}, 36^{perches}, 9$ ou .... $236^{perches}, 9$

Un are vaut cent fois moins, ou 2, 36

Un centiare vaut cent fois moins que l'are, ou 0, 0236

Il est facile maintenant de résoudre cette question :

Un Vigneron achète à raison de 35^f la perche un terrain qui contient 78 ares 45 centiares ; combien doit-il payer ?

On a :

78 ares valent	$78 \times 2,36^{Perches} =$	$1^{arpent}, 84^{perches}, 08$
45 centiares id	$45 \times 0,236^{Perches} =$	0, 01, 06
	Total	$1^{arp.}, 85^{perch}, 14^{cent.}$

Multipliant 185 perches 14 par 35^f prix d'une perche, on trouve 6479^f, 90^c.

$185^{perches}, 14 \times 35^f = 6479^f,90$ prix du terrain.

1 hectare vaut $2^{arp.}, 92^{perch}, 5$ perche de 18 pieds ;

1 hectare vaut 1, 95, 8 perche de 22 pieds.

On en déduirait la valeur de l'are et du centiare aussi facilement.

que nous venons de le faire pour l'arpent à la perche de 20 pieds.

Quant à la conversion d'un certain nombre d'hectares, ares et centiares, en arpents et en perches, elle se ferait exactement de la même manière que dans l'exemple précédent.

Des mesures topographiques.

Les mesures destinées à évaluer la superficie d'un Etat, d'une Province, d'un Département sont appelées *mesures topographiques*; ce sont le Kilomètre et le myriamètre carrés, qui sont entre eux dans le même rapport que les mesures agraires : ainsi, 100 hectares font un Kilomètre carré ; 100 Kilomètres carrés ou dix mille hectares font un myriamètre carré.

L'ancienne mesure topographique était la lieue carrée : s'il s'agit de la lieue carrée de 4 Kilomètres de côté, on conçoit tout de suite qu'elle vaut 16 Kilomètres carrés ; mais si l'on a en vue l'ancienne lieue carrée de 5 Kilomètres de côté, cette dernière contient alors 25 Kilomètres carrés, et elle est exactement le quart du myriamètre carré.

En resumé :

Le myriamètre carré vaut . . . . . . 100 Kilomètres carrés.
——— id . . . . . . 4 lieues carrées de 5 Kilom. de côté.
——— id . . . . . . 6, 25 lieues carrées de 4 Kilom. de côté.

D'après ce qui vient d'être dit, on voit que la conversion des lieues carrées en Kilomètres et en myriamètres carrés, et réciproquement, n'offre pas la moindre difficulté.

Chapitre IV.

Unité de mesure pour les solides.

Mètre cube.

On appelle *volume solide* ou *corps* tout ce qui a trois dimensions : *longueur*, *largeur* et *épaisseur*.

L'unité de volume adoptée est un solide appelé *cube*, compris entre six faces carrées, parallèles deux à deux, ce qui lui donne la forme d'un dé à jouer. Les trois lignes appelées arêtes, qui partent d'un même sommet, sont à angle droit l'une sur l'autre, et de plus d'égale longueur; elles représentent les trois dimensions du cube.

Le nom d'un cube dépend de la longueur de son côté; ainsi, l'on dit un *mètre cube* pour désigner un cube qui a un mètre de côté; dans ce cas, les six faces égales sont des mètres carrés; Le cube qui a un décimètre de côté se nomme *décimètre cube*; alors ses faces sont des décimètres carrés; enfin, on appelle *centimètre cube*, le cube qui a un centimètre de côté; dans ce dernier cas, les six faces sont des centimètres carrés.

Subdivisions du mètre cube
et manière de les écrire.

L'unité de mesure pour les volumes est le *mètre cube*; il vaut mille décimètres cubes, comme il est facile de le comprendre en jetant les yeux sur la figure suivante, que nous supposons être un mètre cube.

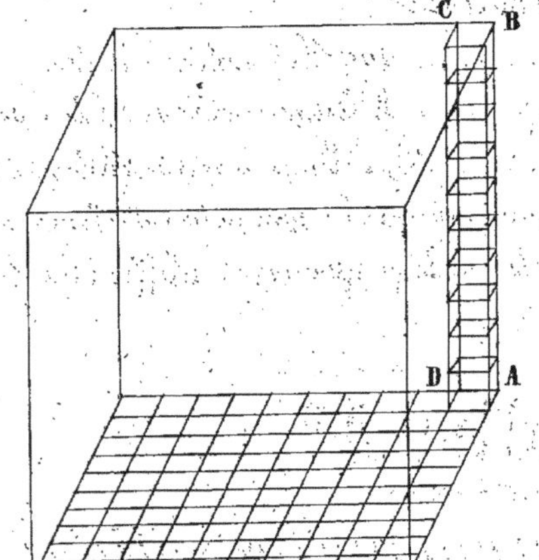

La surface inférieure étant divisée en cent décimètres carrés, sur l'un de ces carrés on construit un cube qui vaut par conséquent le décimètre cube. Mais, sur la hauteur A B qui est de 10 décimètres, on peut en construire 10 pareils. Or, si l'on en fait autant sur chacun des décimètres carrés de la base, il y aura donc en tout cent colonnes pareilles à A B C D, ce qui donne 100 fois 10 ou mille décimètres cubes pour la valeur du mètre cube. On démontrerait de la même manière que le décimètre cube vaut mille centimètres cubes, et le centimètre cube, mille millimètres cubes; enfin qu'il faut mille mètres cubes pour faire un décamètre cube, etc.

Comme on le voit, les mesures de solidité croissent et décroissent par *1000*; on ne les confondra donc point avec les mesures de surface qui croissent et décroissent par 100 ; encore moins avec les mesures de longueur qui croissent et décroissent par 10.

Nous venons de voir que le mètre cube vaut 1000 décimètres cubes dont le dixième est de 100 décimètres cubes ; on commettrait donc une grave erreur si l'on prenait le *dixième de mètre cube* pour le *décimètre cube*, ce dernier étant cent fois plus petit que le premier.

Cuber un corps, c'est chercher combien de fois il contient une unité cubique, soit le mètre cube, soit le décimètre cube, soit enfin le centimètre cube, en ayant soin de toujours choisir une unité proportionnée à la grosseur du volume que l'on veut mesurer.

Pour cuber, on ne se sert point en réalité d'un cube ; on y arrive par le calcul au moyen de 2 multiplications, en multipliant d'abord la longueur par la largeur, et ensuite le produit par la hauteur ou l'épaisseur, mais il faut pour cela que le corps soit *rectangulaire*, c'est-à-dire que toutes ses faces soient des carrés ou des rectangles ; tels sont les volumes que nous rencontrons le plus fréquemment : une pièce de bois équarrie, une pile de bois de chauffage, un tas de moellons disposé pour le cubage, un mur, les portes de nos appartements, l'intérieur d'une chambre, etc.

Il ne faut pas oublier dans les calculs que le décimètre cube est la millième partie du mètre cube, et qu'il doit par conséquent occuper la colonne des millièmes, c'est-à-dire le 3e rang après les unités de mètre cube ; pour la même raison, les centimètres cubes tiendront le 3e rang à la droite des décimètres cubes, et enfin les millimètres cubes, le 3e rang à droite des centimètres cubes.

Ainsi, le nombre suivant : 10 $^{\text{mètres cubes}}$, 450, 367, 8 doit être lu de la sorte :

10 mètres cubes, 450 décimètres cubes, 367 centimètres cubes.

Le septième chiffre peut être négligé si l'on n'a pas besoin d'une exactitude rigoureuse ; dans le cas contraire, on écrirait à sa droite 2 zéros pour compléter la tranche de 3 chiffres, et l'on dirait *800 millimètres cubes*.

Soit à écrire le nombre suivant : 2 mètres cubes, 25 décimètres cubes, 8 centimètres cubes; on aura d'après l'explication donnée plus haut:

$$2^{m^3}, 025, 008$$ m^3 Manière abrégée d'indiquer les mètres cubes.

Nous allons examiner maintenant les cas les plus usuels où la mesure des volumes doit être mise en pratique; mais avant tout il est utile de rappeler sur les principaux solides que l'on peut avoir à cuber, les notions qu'on a déjà vues en dessin linéaire; il suffira alors d'en dire quelques mots, en indiquant la manière d'opérer sur chaque volume en particulier.

Jamais on ne retient si bien une chose que lorsqu'on en comprend parfaitement l'importance. Or, quel moyen plus sûr pour engager à se bien graver dans l'esprit les mesures cubiques, que d'apprendre à en faire usage au moyen des calculs si intéressants et d'une application si fréquente, que l'on peut faire sur les solides, et pour lesquels il suffit de connaître les 4 opérations de l'arithmétique.

(Cette simple réflexion détruit complètement l'objection qu'on pourrait nous faire que nous sortons ici de notre sujet.)

Notions élémentaires
sur les principaux solides
et les diverses applications qui s'y rattachent.

DES PRISMES.

On donne, en général, le nom de *prisme* à tout solide formé par deux polygones égaux et parallèles qui servent l'un de base supérieure, l'autre de base inférieure, et par des parallélogrammes qui viennent s'appliquer sur les côtés des deux bases, et former les faces latérales du prisme.

(1)

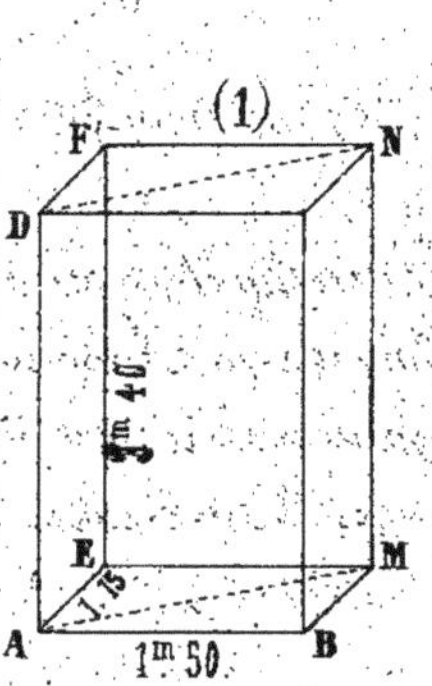

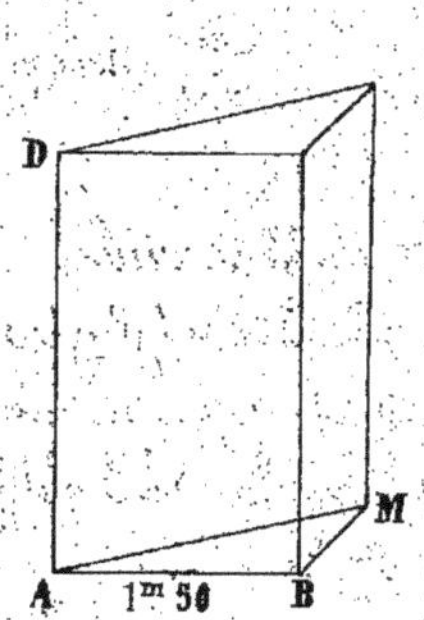

Les lignes suivant lesquelles se rencontrent les faces d'un prisme s'appellent *Arêtes*.

On appelle plus particulièrement *parallélipipède* le prisme dont toutes les faces sont des parallélogrammes : *Carrés, rectangles, losanges, Rhomboïdes.*

Nota. — Il est indispensable de montrer ces diverses figures aux élèves ; si l'on ne pouvait se procurer une collection de solides en bois ou en carton, il faudrait en fabriquer soi-même quelques-unes ; ne fût-ce que pour le moment de la leçon, avec de la terre grasse ou quelques grosses racines.

Lorsque toutes les faces sont des carrés ou des rectangles, le parallélipipède est rectangle. Si la base est un carré et la hauteur égale au côté de ce carré, le parallélipipède rectangle est alors un cube.

Cela posé, prenons pour exemple le parallélipipède rectangle (1) dont les trois dimensions sont données, savoir : AB = 1m,50. AE = 1m.15. EF = 3m.40. On aura pour le cube :

$$1,50 \times 1,15 \times 3,40 = 5^{m^3},865$$

c'est-à-dire la surface de la base AEMB multipliée par la hauteur EF.

Maintenant, si l'on coupe ce parallélipipède suivant les deux diagonales AM DN, il se trouvera ainsi décomposé en deux prismes triangulaires égaux, dont l'un est égal à la surface du triangle ABM, moitié de la base du parallélipipède, multipliée par la hauteur commune EF. On voit donc par là que pour cuber un prisme triangulaire, il faut chercher la surface de sa base et la multiplier par la hauteur. Lorsqu'on sait mesurer un prisme triangulaire, on sait nécessairement cuber tous les prismes possibles dont les bases sont parallèles, car ils peuvent tous se décomposer en un certain nombre de prismes triangulaires comme dans la figure (2). Alors on calcule séparément la surface de chaque triangle contenu dans la base ; on fait le total de ces surfaces partielles ce qui donne la superficie de la base entière, que l'on multiplie ensuite par la hauteur du prisme. Si le polygone qui sert de base est régulier comme dans la figure (3), on calcule d'un seul coup la surface de la base en multipliant

(2)

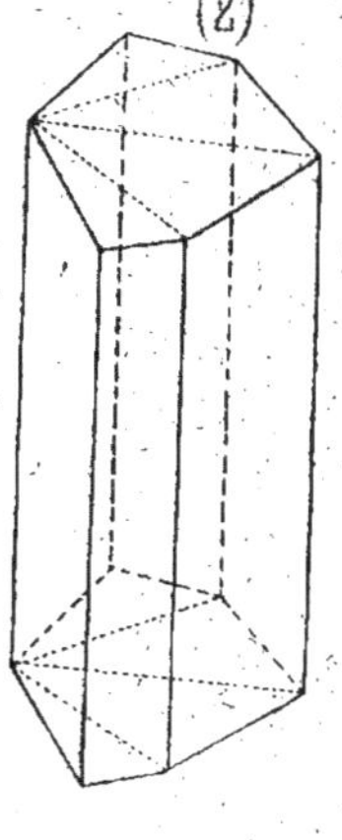

(3)

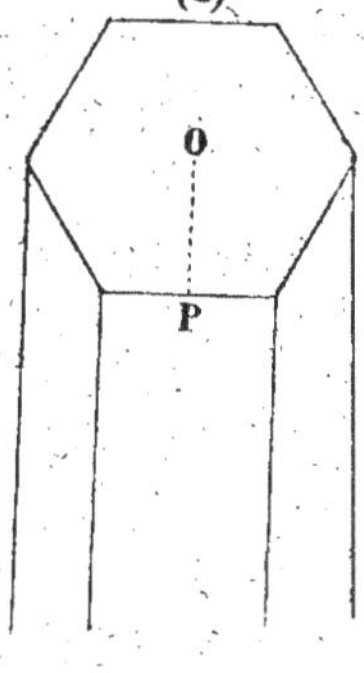

le contour par la moitié de l'apothème OP.

On dit que le prisme est *tronqué*, chaque fois que les deux bases ne sont point parallèles, figure (4). Dans ce cas, on le cube en faisant le total des arêtes latérales que l'on divise par le nombre de ces mêmes côtés, pour avoir la hauteur moyenne que l'on multiplie ensuite par la surface de la base. 1,20 + 1,35 + 1,15 + 1,45 + 1,50 = 6,65

(4)

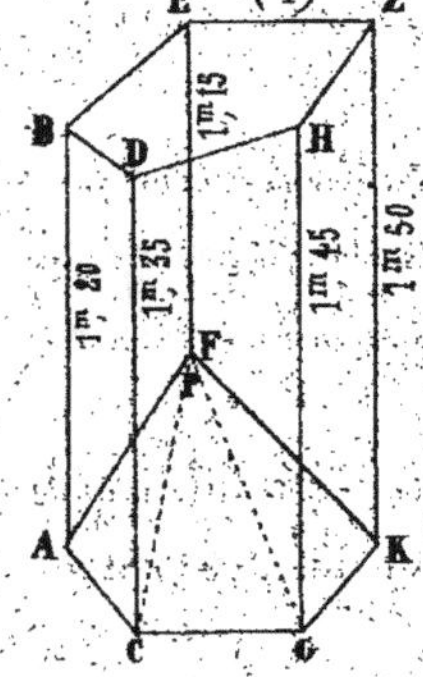

$$\frac{6,65}{5} = 1,33$$ hauteur moyenne à multiplier par la surface de la base ACGKF.

Cette manière de cuber le prisme tronqué, exacte pour le prisme triangulaire et le parallélipipède, n'est qu'approximative pour un prisme quelconque.

9. Voyons maintenant les différents cas de pratique où l'on peut avoir à cuber un prisme.

1°. Un mur a 90 mètres de long, 2m,75 de hauteur et 0m,45 d'épaisseur; Combien doit-il être payé à raison de 12f le mètre cube?

Ce mur n'est pas autre chose qu'un parallélipipède rectangulaire que l'on cubera en faisant le produit des trois dimensions.

$$90 \times 2,75 \times 0,45 = 111^{m^3},375^{déci^3}$$

$$111,375 \times 12^f = 1336^f,50 \text{ prix du mur.}$$

2°. Combien pourra-t-on faire tenir de caisses de 1m 25 de long sur 0,75 de large et 0,50 de hauteur, dans un magasin de 7 mètres de long, sur 5 de large et 3 de haut?

On voit tout de suite que chaque caisse est un parallélipipède dont il faut obtenir le cube en faisant le produit des 3 dimensions; on obtient de la même manière celui du magasin, et il ne reste plus qu'à chercher, au moyen de la division, combien le cube d'une caisse est contenu dans celui du magasin.

$$1,25 \times 0,75 \times 0,50 = 0^{m^3},468,750 \text{ cube d'une caisse.}$$

$$7 \times 5 \times 3 = 105^{m^3} \text{ cube du magasin.}$$

$$105 : 0,468,750 = 224 \text{ caisses.}$$

3°. Une pièce de bois a 5m,60 de long et le côté d'équarrissage est de 0,45,

Combien doit-elle être payée à raison de 70 f le mètre cube ?

[illegible] cube de la pièce de bois

$1,124 \times 70 = 78,68$ prix de la pièce de bois.

Dans les travaux de terrassements, on peut avoir des déblais ou des remblais qui présentent la forme du prisme triangulaire, comme dans les cas suivants.

4° Le bord d'une route est un talus en pente qui doit être nivelé suivant le plan CDEF ; dans ce cas, on fait des tranchées de manière à obtenir des prismes triangulaires à peu près réguliers, ensuite on les calcule séparément.

Soit pour exemple une longueur 5,40, un côté de triangle 1,50 et la perpendiculaire abaissée du sommet opposé 0,80.

On a

$$\frac{1,50 \times 0,80}{2} = 0^{m^2},60 \quad 5,40 \times 0,60 = 3^{mc},240$$

5° Les remblais de chemins de fer se composent d'un parallélipipède dont la base est CE et la hauteur CB, plus, de deux prismes triangulaires le plus souvent égaux, ayant toujours une inclinaison de 45 degrés. Pour en avoir le cube, on suppose les deux prismes appliqués l'un sur l'autre en ABM, de sorte que l'on n'a plus qu'à cuber un parallélipipède dont la base est AE et la hauteur CB.

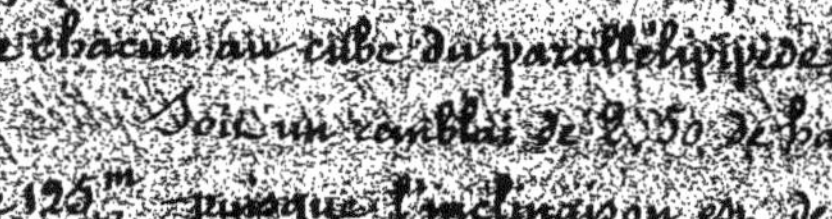

Si les deux côtés étaient inégaux, DKL, on les calculerait séparément et l'on ajouterait le produit de chacun au cube du parallélipipède.

Soit un remblai de 2,50 de hauteur, de 5m de base et d'une longueur de 125m, puisque l'inclinaison est de 45°, le triangle ACB est rectangle isocèle, par conséquent, la hauteur BC est égale à la base AC du triangle.

On a donc :

$5 + 2,50 = 7^{m},50$ base du parallélipipède à cuber,

$7,50 \times 2,50 \times 125 = 2343,750$ cube du remblai.

6°. Le sable et les cailloux destinés à l'entretien des routes sont toujours disposés suivant la figure ABCD, base inférieure, EFGH, base supérieure; Dans ce cas, rien de plus facile que d'en obtenir le cube, en se reportant au moyen donné plus haut pour cuber un prisme tronqué.

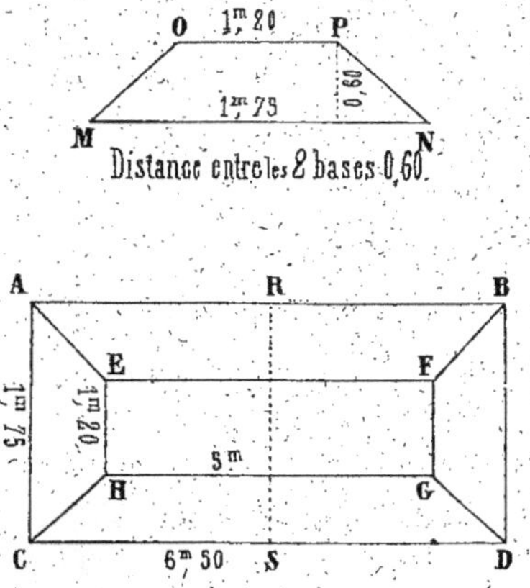

En supposant une section RS, perpendiculaire aux côtés, il est facile de comprendre qu'on obtient un trapèze MNOP dont le plus grand côté est 1,75, le plus petit 1,20 et la hauteur 0,60, distance entre les deux bases. Ce trapèze sert de base commune à 2 prismes tronqués, s'étendant de la section RS aux deux extrémités de la figure; il ne s'agit donc plus que de calculer la surface du trapèze MNOP, et de la multiplier par la moyenne des arêtes des deux prismes, réunies, AB, CD, EF, GH, c'est-à-dire des 4 arêtes les plus longues de la figure, ce qui donne :

$$\frac{1,20 + 1,75}{2} \times 0,60 = 0^{m^2},88,50 \text{ Surface du trapèze.}$$

$$\frac{6,50 \times 2 + 5 \times 2}{4} = 5,75 \text{ longueur moyenne.}$$

$$5,75 \times 0^{m^2},88,50 = 5^{m^3},088 \text{ Cube du volume.}$$

7°. S'il s'agit d'obtenir le cube d'un fossé, il faut considérer si les deux extrémités sont *inclinées*, ou *perpendiculaires* sur le *fond*. Si elles sont inclinées, c'est exactement la même figure que la précédente, mais renversée; si elles sont perpendiculaires, c'est un prisme ordinaire que l'on cube par le moyen le plus simple : *la surface d'un bout multipliée par la longueur*.

Des Cylindres.

On appelle Cylindre un corps rond formé par deux cercles égaux et parallèles qui servent de bases, et par un rectangle qui s'enroule autour de ces 2 cercles. La meilleure manière d'en donner une idée exacte, c'est de prendre une feuille de papier, de la rouler sur elle même et de la dérouler successivement.

Nous avons vu, en parlant de la mesure du cercle, que c'est un polygone régulier d'un nombre infini de côtés; par conséquent, le cylindre qui a pour base deux cercles, peut être considéré comme un prisme régulier d'un nombre infini de côtés. On cubera donc un cylindre comme un prisme, *en multipliant la surface de sa base par la hauteur*, comme dans cet exemple :

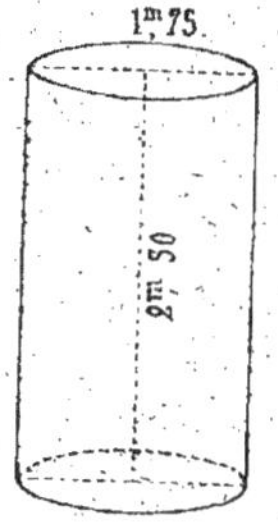

Quel est le volume d'un Cylindre dont le contour est de $1^m,75$ et la hauteur $2^m 50$?

$$\frac{1^m 75}{3,1416} = 0^m 557 \text{ pour le diamètre}$$

$$\frac{0,557}{4} = 0^m,139 \text{ pour la } 1/2 \text{ du rayon.}$$

$0,139 \times 1,75 = 0^{m^2},24,32$ surface de la base

$0,24,32 \times 2,50 = 0^{m^3},608$ volume du Cylindre.

Le Solide qui a pour base une ellipse doit être aussi considéré comme un prisme; on le mesurera donc de la même manière, en multipliant la surface de la base par la hauteur, comme dans l'exemple suivant :

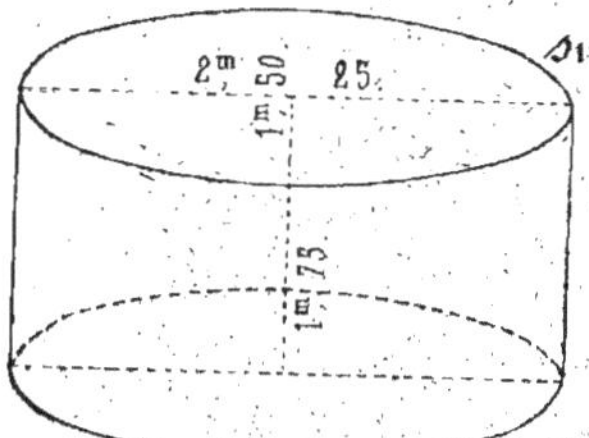

Quelle est la contenance d'un bassin à forme elliptique, ayant dans sa plus grande longueur 2,25, et dans sa plus grande largeur 1,50, la profondeur étant de 1,75 ?

On a, en se reportant à la mesure de l'ellipse :

$$\frac{2,25}{2} \times \frac{1,50}{2} = 0,84 \text{ produit des deux } 1/2 \text{ axes}$$

$0,84 \times 3,1416 = 2^{m^2},63$ Surface de l'ellipse

$2,63 \times 1,75 = 4^{m^3},602,500$ contenance du bassin.

Examinons maintenant les différents cas qui peuvent se présenter dans la pratique, pour le cubage des Cylindres.

1°. Un puits de 15 mètres de profondeur et de 3,50 de contour, a été creusé à raison de $1^f,25$ le mètre cube, combien est-il dû à l'ouvrier?

On voit que ce puits n'est pas autre chose qu'un cylindre; il faut donc se reporter à la mesure de ce solide, ce qui donne :

1° $\dfrac{3,50}{3,1416} = 1^m,114$ diamètre du puits.

2° $\dfrac{1,114}{4} = 0^m,278$ 1/4 du diamètre ou 1/2 du rayon.

3° $3,50 \times 0,278 = 0^{m^2},97,30$ surface de l'ouverture.

4° $0,97,47 \times 15^m = 14^{m^3},595$ cube du puits.

5° $14,620 \times 1^f,25 = 18^f,24$ ce qui revient à l'ouvrier.

2°. Quelle est la contenance d'un bassin circulaire dont le diamètre est $2^m,80$ et la profondeur $1^m,75$?

Encore un exemple de Cylindre à cuber.

1° $2^m,80 \times 3,1416 = 8,80$ contour du bassin,

2° $8,80 \times 0,70$ 1/4 du diamètre $= 6^{m^2},16$ surface du fond,

3° $6,16 \times 1,75 = 10^{m^3},780$ contenance du bassin.

3°. Combien faut-il payer pour la fouille d'une cave voûtée de 15 mètres de long, 4 mètres de large et dont la hauteur des murs est de $2^m,25$ jusqu'à la naissance de la voûte, à raison de $0^f,80$ le mètre cube?

Si le cintre de la voûte est une 1/2 circonférence, on fait le cube d'un Cylindre qui a 15 mètres de long et 4 mètres de diamètre, puis on prend la moitié du résultat auquel on ajoute le cube du parallélipipède qui a également 15 mètres de long, 4 mètres de large, et 2,25 de hauteur, ce qui donne lieu aux calculs suivants

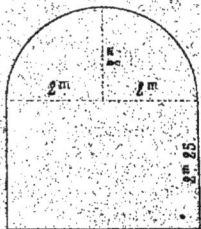

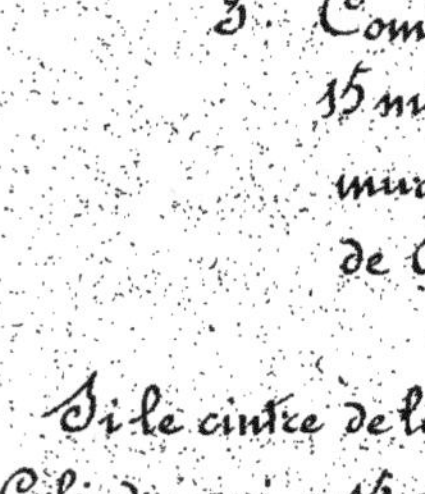

$4 \times 3,1416 = 12,56$ contour de la circonférence,

$12,56 \times 1$, 1/4 du diamètre $= 12^{m^2},56$ surface du cercle,

$12,56 \times 15 = 188^{m^3},400$ dont la 1/2 est de 94,200 pour le cube de la partie cintrée.

$15 \times 4 \times 2,25 = 135^{m^3}$ cube du parallélipipède.

$135 + 94,200 = 229^{m^3},200$ cube de la cave entière.

$229^{m^3},200 \times 0^f,80 = 183^f,36$ somme qui revien à l'ouvrier.

Si la voûte est surbaissée en forme d'une moitié d'ellipse, on fait le cube d'un solide qui aurait pour base l'ellipse entière; on prend la moitié du résultat auquel on ajoute, comme dans le premier cas, le cube du parallélipipède.

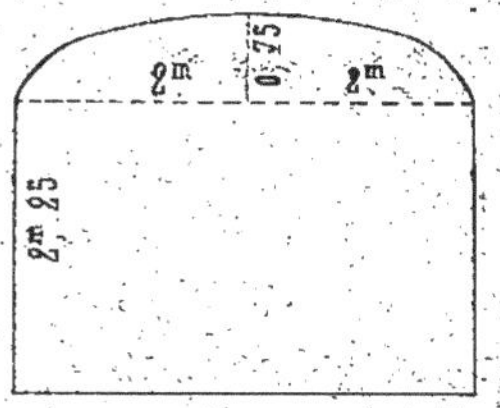

Supposons par exemple que la hauteur de la voûte soit de $0^m,75$. On aura:

2^m moitié du grand axe

$0,75$ moitié du petit axe

$2 \times 0,75 \times 3,1416 = 4^{m^2},71$ surface de l'ellipse,

$\frac{4^{m^2},71}{2} \times 15 = 35,325$ cube de la partie cintrée

$35,325 + 135 = 170,325$ cube de la cave entière.

4°. Quelle est la profondeur d'un bassin cylindrique contenant 3500 décimètres cubes, et dont le contour est de 7 mètres?

Puisqu'on obtient le cube du Cylindre en multipliant la surface de la base par la hauteur, on voit donc qu'il s'agit tout simplement de diviser le cube donné 3500 décimètres, par la surface de la base, facteur que nous allons trouver, ce qui donnera pour quotient l'autre facteur, la hauteur demandée.

$\frac{7}{3,1416} = 2,22$ diamètre du bassin,

$\frac{2,22}{4} = 0,555$ 1/4 du diamètre ou 1/2 rayon,

$0,555 \times 7 = 3^{m^2},885$ surface de l'ouverture,

$\frac{3,500}{3,885} = 0^m,90$ profondeur du bassin.

5°. Quelle est l'ouverture d'un bassin cylindrique qui contient 1875 décimètres cubes, et dont la profondeur est de $1^m,45$?

On comprend tout de suite que cette question est l'inverse de la précédente, puisqu'il s'agit de trouver l'ouverture donnée dans la première.

Il faut donc diviser le cube 1875 par le facteur connu, la profondeur, et le quotient est la surface de l'ouverture.

$$\frac{1875}{1,45} = 129^{\text{décim. car.}}, 31^{\text{cent. car.}}$$ surface de l'ouverture.

Pour faire cette opération, il faut considérer que le dividende exprime des décimètres cubes, et qu'il faut par conséquent les diviser par des décimètres linéaires pour avoir au quotient des décimètres carrés. L'opération doit donc être disposée de la sorte :

1875 | 14,$^{\text{décim.}}$5

Rappelons-nous maintenant le dernier moyen indiqué pour la mesure du cercle : le carré du rayon multiplié par 3,1416, et divisons la surface trouvée 129,31 par le facteur connu 3,1416, ce qui donne pour quotient l'autre facteur, le carré du rayon.

$$\frac{1^{m^2},29,31}{3,1416} = 0,4116$$ carré du rayon,

Extrayant la racine carrée, on a :

$$\sqrt{0,4116} = 0^{m},6415$$ rayon de l'ouverture du bassin.

On vérifie cette opération d'une manière bien simple, en calculant si un bassin de $0^{m},6412$ de rayon ayant une profondeur de $1^{m},45$ donne bien 1875 décimètres cubes.

6°. Un bassin a 4 mètres de contour et contient 1425 litres ; on veut en construire un autre qui ait une ouverture moitié moins grande et qui contienne autant ; de combien faut-il augmenter la profondeur ?

On a :

$$\frac{4}{3,1416} = 1,272$$ diamètre dont le 1/4 est 0,318

$0,318 \times 4 = 1.272$ surface de l'ouverture,

$$\frac{1425^{\text{déci cubes}}}{127,2} = 11^{\text{déci linéaires}}, 20$$ ou $1^{m},12$ profondeur du bassin avec la 1re ouverture

$$\frac{1,272}{2} = 0^{m},636$$ seconde ouverture moitié plus petite.

$$\frac{1425}{63.6} = 2^{m},24$$ profondeur du 2e bassin, double de la première.

Ces opérations sont faites dans le but seulement de montrer que si l'on veut changer les dimensions d'un bassin cylindrique, en conservant la même contenance, la profondeur sera toujours autant de fois plus grande que l'ouverture sera plus petite; et réciproquement, que l'ouverture sera autant de fois plus grande que la profondeur sera plus petite, comme on vient de le voir dans l'exemple précédent.

7°. Un bassin circulaire a une profondeur de $1^{m},80$ et contient 1600 décimètres cubes; on veut qu'il ait une ouverture 3 fois plus grande; quel sera le rayon de cette dernière et de combien la profondeur sera-t-elle diminuée?

On a:

$$\frac{\overset{\text{déci cubes}}{1600}}{18 \text{ déci linéaires}} = 88^{\text{déci carrés}},88 \times 3 \times 88.88 = 2^{m^2},66,64$$ ouverture 3 fois plus grande.

Rappelons ici que la surface d'un cercle est égale au carré du rayon multiplié par 3,1416; par conséquent, la surface 2,66,64 étant divisée par le facteur connu 3,1416 donnera le carré du rayon:

$$\frac{2,66,64}{3,1416} = 0,8487$$ carré du rayon

$$\sqrt{0,8487} = 0,92$$ rayon de l'ouverture trois fois plus grande.

Maintenant, pour avoir la profondeur,

On a:

$$\frac{1600}{266^{\text{déci carrés}}.64} = 0,6$$ précisément le 1/3 de la 1re profondeur.

On peut vérifier cette opération en calculant si un bassin de 0,92 de rayon et de 0,6 de profondeur donne bien 1600 décimètres cubes.

De la Pyramide et du Cône.

La pyramide est un solide formé par un polygone qui lui sert de base, et par des faces triangulaires qui s'appliquent sur les côtés de ce polygone, et vont toutes aboutir à un même point appelé *Sommet*.

La hauteur de la pyramide est la perpendiculaire abaissée du sommet sur la base ou sur son prolongement.

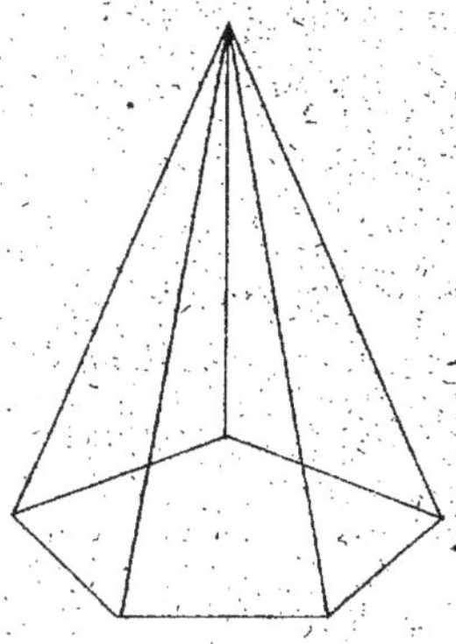

On démontre en géométrie que la pyramide est exactement le tiers d'un prisme de même base et de même hauteur ; or, pour obtenir le cube d'un prisme, on multiplie la surface de la base par la hauteur ; mais puisque la pyramide n'en est que le tiers, on la cubera donc en multipliant la surface de sa base par le tiers de la hauteur.

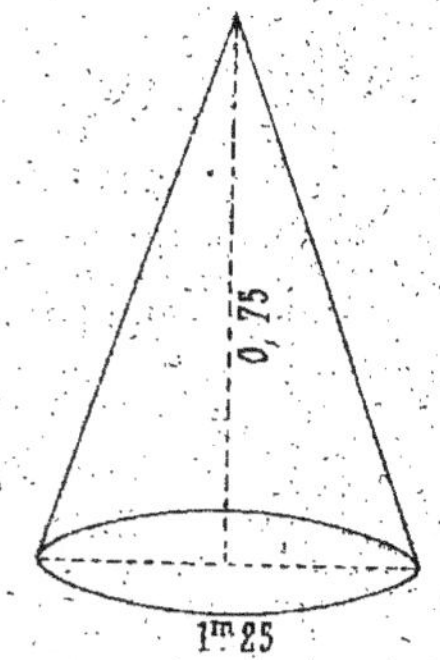

Le Cône ayant un cercle pour base, doit être considéré comme une pyramide d'un nombre infini de côtés ; on le cubera donc de la même manière que la pyramide, en multipliant la surface de sa base par le tiers de la hauteur.

Ce principe posé, on demande quel est le volume d'un cône dont la base a $1^m,25$ de contour, la hauteur étant 0, 75

On a :

$$\frac{1,25}{3,1416} = 0^m,397$$ diamètre de la base

Le 1/4 du diamètre $0,099 \times 1,25 = 0^{m^2},12,37$ surface de la base
Le 1/3 de la hauteur $0,25 \times 0,12,37 = 0^{m^3},030,925$ cube du cône.

On appelle *tronc de pyramide*, *tronc de cône*, une pyramide et un cône coupés par un plan parallèle à leurs bases et dont on a enlevé la partie supérieure.

Il y a un moyen approximatif d'obtenir le cube de ces deux volumes :

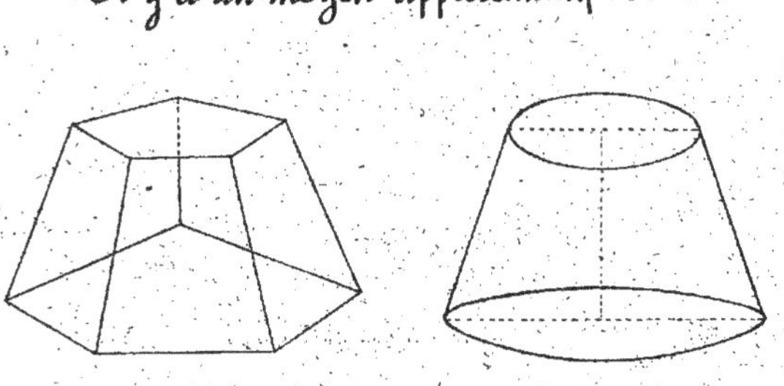

On calcule séparément la surface des 2 bases parallèles, on les ajoute, puis on en prend la moitié que l'on multiplie par la hauteur du tronc, qui est la perpendiculaire menée entre les deux bases.

Mais ce moyen ne donne un résultat assez exact qu'autant qu'il n'y a pas grande différence entre les 2 bases ; si cette différence était par trop sensible, il faudrait recourir au moyen plus rigoureux que voici :

On cherche le volume du cône tout entier ; ensuite celui du cone retranché ; on soustrait ce dernier du volume total, et il reste le cube du tronc de cône.

Mais il faut, avant tout, chercher la hauteur de la partie retranchée. On y arrive, pour la pyramide tronquée, au moyen de cette proportion :

La longueur d'un grand côté diminuée du petit côté correspondant, est à la hauteur du tronc, comme le petit côté est à la hauteur de la partie retranchée ;

Et pour le cône tronqué, au moyen de cette autre proportion :

Le grand diamètre diminué du plus petit est à la hauteur du tronc, comme le petit diamètre est à la hauteur de la partie retranchée.

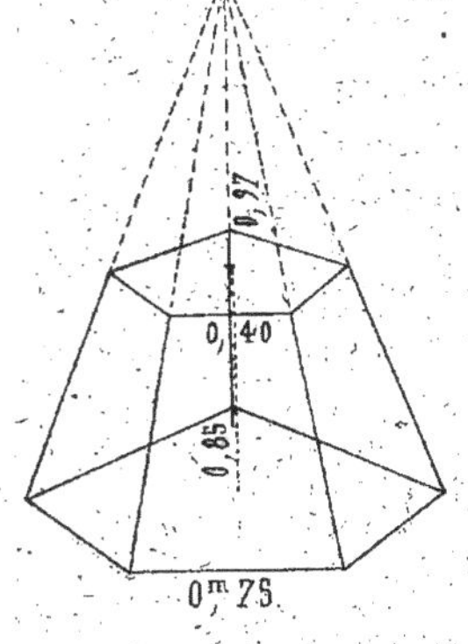

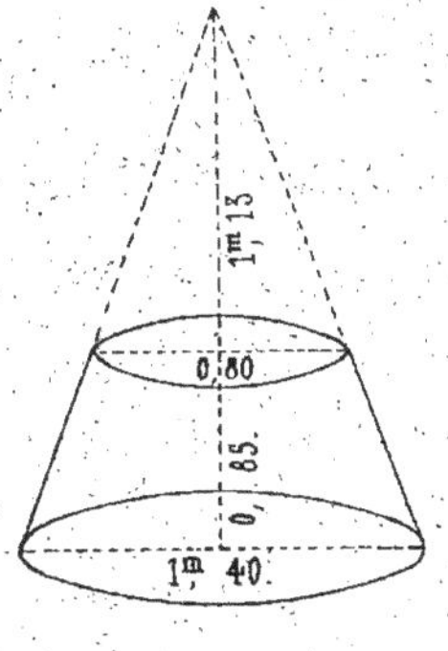

Differ.ce 0,35 : 0,85 :: 0,40 : X = 0,97   Differ.ce 0,60 : 0,85 :: 0,80 : X = 1m,13.

Quel est le volume d'un tronc de pyramide dont la hauteur est de 1m,20 ; la longueur d'un côté de la plus grande base, 0,60 et le côté correspondant de la plus petite base 0,40 ?

Cherchons d'abord la hauteur de la partie retranchée.

$$0,20 : 1,20 :: 0,40 : x = 2,40$$

$2,40 + 1,20 = 3^m,60$ hauteur de la pyramide entière.

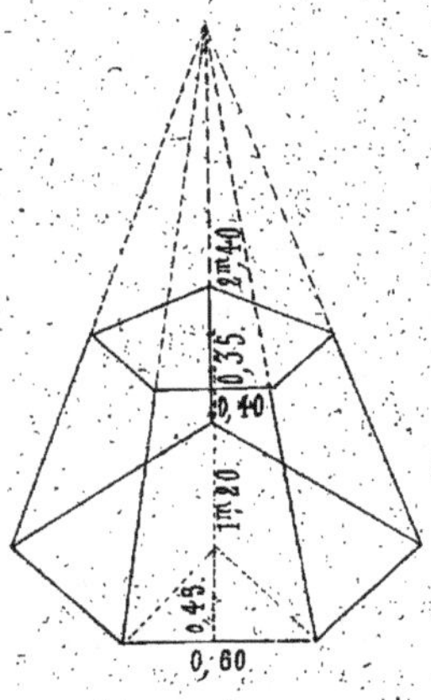

Si la base est un polygone régulier, on multiplie le contour par la moitié de l'apothème et l'on a ainsi la surface de la base que l'on multiplie ensuite par le 1/3 de la hauteur totale.

$0,60 \times 5 = 3^m$ contour du polygone

$3 \times \dfrac{0,45}{2} = 0,67^{déci},50$ surface du polygone

$0,67,50 \times \dfrac{3.60}{3} = 0^{m^3},810$ cube de la pyramide entière.

Cube de la partie supérieure :

$0,40 \times 5 = 2^m$ contour du plus petit polygone.

$2 \times \dfrac{0,35}{2} = 0^{m^2},35$ Surface du polygone.

$0^{m^2},35 \times \dfrac{2,40}{3} = 0^{m^3},280$ Cube de la pyramide.

$0,810 - 0,280 = 0^{m^3},530$ cube du tronc de pyramide.

Ce mode de calcul a l'inconvénient d'être un peu long et peut être remplacé avec avantage par celui-ci :

1°. On calcule séparément les surfaces des 2 bases ;
2°. On les multiplie l'une par l'autre ;
3°. On extrait la racine carrée du produit ;
4°. On fait la somme de cette racine carrée et des 2 bases ;
5°. On multiplie ce total par le 1/3 de la hauteur du tronc.

Toutes ces opérations sont résumées dans la formule suivante :

$$\left(B + B' + \sqrt{BB'}\right) \times \tfrac{1}{3} H$$

Déterminer la contenance d'une cuve dont la plus grande base a 2m, 60 de diamètre, et la plus petite 1m, 80, la longueur des douves étant de 1m, 56.

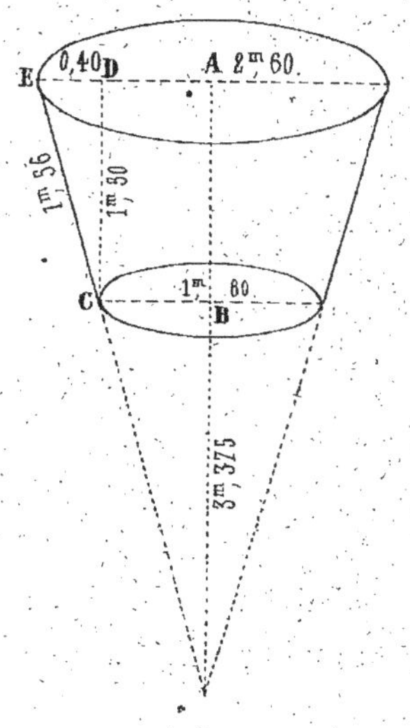

On voit qu'il s'agit ici d'un cône tronqué. Il faut donc chercher d'abord la hauteur de la partie retranchée.

Mais avant tout il faut calculer la hauteur AB du tronc de cône, en considérant que cette hauteur = CD dont on peut trouver très facilement la longueur. En effet, dans le triangle rectangle EDC, ED est égal à la différence des 2 rayons CB et AE ou 0,40. Or, pour le carré de l'hypothénuse EC, on a $1,56^2 = 2,4336$ 2,4336

Pour le carré du côté ED de l'angle droit on a $0,40^2 =$ 0,16

Différence 2,2736

Pour le carré de CD ce qui donne $\sqrt[2]{2,2736} =$ . . . . 1,50 pour la longueur de CD ou de AB.

En appliquant la formule précédente à la solution du problème, on trouve :

1°. 5,31.65, *surface du grand cercle*, × 2,54, *surface du petit cercle*, = 13,50.39.10
2°. $\sqrt{13,50.39.10} = 3,674$
3°. 3,674 + 5,31.65 + 2,54 = 11,53.05
4°. $11,53.05 \times \frac{1}{3}\ 1,50 = 5,765$.

Maintenant, en se reportant à la proportion donnée plus haut, on a :

$$0,80 : 1,50 :: 1,80 : x = 3,375$$

On cherche ensuite le cube du cône total, ce qui donne :

$2,60 \times 3,1416 = 8,17$ contour du cercle qui sert de base,

$8,17 \times \frac{2,60}{4} = 5,31.65$ surface du cercle,

$5,31.65 \times \frac{4,875}{3} = 8^{m^3},639.312$ cube du cône total.

Mêmes opérations pour la partie retranchée.

$1,80 \times 3,1416 = 5,65$ contour du cercle

$5,65 \times \frac{1,80}{4} = 2,54$ surface du cercle

$2,54 \times \frac{3,375}{3} = 2^{m},857.500$ cube de la partie retranchée.

Soustraction.

$8^{m^3},639.312 - 2^{m^3},857,500 = 5^{m^3},781.812$ contenance de la cuve.

au lieu de 5. 765 dans le 1er cas.

Cubage des Tonneaux.

On pourrait calculer la contenance d'un tonneau en le considérant comme formé de deux cônes tronqués; mais on opère plus exactement par le moyen suivant :

On cherche la différence qui existe entre le diamètre du *bouge* (1) et celui du fond; on prend le tiers de cette différence que l'on retranche du diamètre du bouge; on obtient ainsi un diamètre moyen, on opère ensuite comme sur un cylindre qui aurait ce diamètre moyen, et pour hauteur la longueur intérieure du tonneau.

Exemple :

Quelle est la contenance d'un tonneau dont la longueur intérieure est $0^{m},90$; le contour du bouge $1^{m}.95$ et le contour du fond $1^{m},40$?

$\frac{1^{m}.95}{3,1416} = 0,62$ diamètre du bouge,

$\frac{1,40}{3,1416} = 0,44$ diamètre du fond,

(1) Le bouge est la partie la plus renflée d'un tonneau.

$0^{m},62 - 0^{m},44 = 0,18$ différence entre les 2 diamètres,

$0,62 - \frac{0,18}{3} = 0,56$ diamètre moyen

Cube.

$3,1416 \times 0,56 = 1,76$ Contour du cercle.

$1,76 \times \frac{0,56}{4}$ ou $0,14 = 0,24.64$ surface du cercle,

$0,24.64 \times 0,90 = 0^{m^3},221.760$ contenance du tonneau.

De la Sphère.

La Sphère ou boule est un solide terminé par une surface courbe dont tous les points sont à égale distance d'un point intérieur appelé *centre* ; elle est engendrée par une demi-circonférence tournant autour de son diamètre.

Pour cuber la Sphère, il faut d'abord en obtenir la surface en prenant 4 fois la surface d'un grand cercle, c'est-à-dire du cercle qui a même centre que la sphère, et dont on prend facilement le contour au moyen d'une ficelle. Dans ce cas, on veille bien à ce que la ficelle n'offre pas de sinuosités ; on répète l'opération dans plusieurs sens et l'on prend le plus grand contour possible. Ensuite on multiplie cette surface par le 1/3 du rayon, en considérant que la sphère est formée d'une quantité infinie de petites pyramides dont les sommets vont tous aboutir au centre, et dont les bases réunies forment la surface de la Sphère. Dans ce cas, le rayon est la hauteur commune de toutes les pyramides, et c'est pour cela qu'on en prend le tiers.

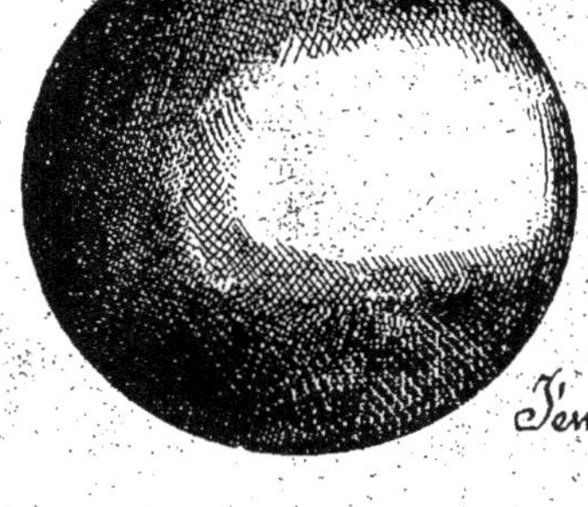

Appliquons cette règle à l'exemple suivant :

Quel est le cube d'une sphère dont le contour est de $1^{m}75$?

J'en cherche d'abord le diamètre en divisant le

contour par 3,1416.

$$\frac{1,75}{3,1416} = 0^{m},557 \text{ diamètre,}$$

$$\frac{0,557}{4} = 0,139 \text{ moitié du rayon,}$$

$$1,75 \times 0,139 = 0^{m^2},24.32 \text{ surface du grand cercle,}$$

$$0,24.32 \times 4 = 0,97.28 \text{ surface de la sphère,}$$

$$\frac{0,97.28 \times 0,278}{3} = 0^{m^3},090.146 \text{ cube de la sphère.}$$

On trouve encore le cube d'une sphère au moyen d'une formule facile à retenir et bien précieuse en ce qu'elle abrège le calcul, et qu'elle a de fréquentes applications dans la solution des problèmes relatifs à la sphère.

Pour abréger, on est convenu de désigner le nombre 3,1416 que l'on rencontre si souvent, par le signe suivant π que l'on appelle *pi*. On prend 4 fois le tiers de *pi* ou de 3,1416, c'est-à-dire qu'on y ajoute le 1/3, ce qui donne le nombre invariable 4,1888 pour les $\frac{4}{3}$ de π. On multiplie ensuite ce nombre par le cube du rayon, et l'on a ainsi le cube de la sphère que résume cette formule :

$$\frac{4}{3}\pi R^3$$

Comme celle-ci résume la surface du cercle : πR^2

(Lorsque des nombres sont représentés par des lettres, on n'emploie aucun signe pour en indiquer la multiplication.)

Appliquons cette formule à la sphère donnée plus haut, et nous trouverons le même volume que par le 1er moyen, à très peu de chose près.

Les $\frac{4}{3}$ de π valent 4.1888.

Le cube du rayon $0,278 \times 0,278 \times 0,278 = 0,021.485$

$0,021.485 \times 4,1888 = 0,089.996$ cube de la sphère.

Il peut arriver dans la pratique qu'on ait besoin de construire une boule ou un bassin demi sphérique, qui soit un certain nombre de fois plus grand ou plus petit qu'un autre. Pour cela, il faut savoir que les sphères sont entre elles comme les cubes de leurs rayons :

C'est-à-dire que si l'on veut construire une sphère qui ait 3 fois plus de volume qu'une autre, il faut que le cube du rayon de la 2e soit 3 fois plus grand que le cube du rayon de la 1re.

Exemple :

Quel est le rayon d'une sphère 2 fois plus grande qu'une autre qui a $2^m,45$ de contour ?

On a :

$\frac{2,45}{3,1416} = 0,779$ diamètre de la sphère ou 0,389 pour le rayon.

Le cube du rayon $0,389 \times 0,389 \times 0,389 = 0^{m^3},058.863$

$0,058.855 \times 2 = 0^{m^3},117.726$ cube du rayon de la sphère 2 fois plus grande.

$\sqrt[3]{0,117.720} = 0^m,49$ rayon de la sphère 2 fois plus grande.

Problêmes divers
relatifs à la mesure de la Sphère.

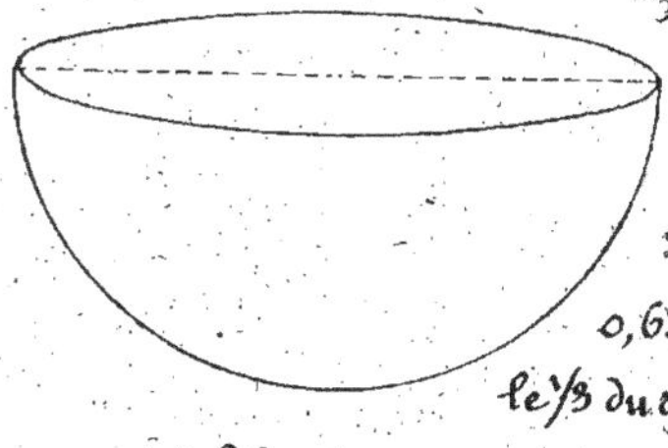

1° Quelle est la contenance d'un vase 1/2 sphérique dont le rayon est de $0^m,45$?

Le diamètre $0,90 \times 3,1416 = 2,8274$ contour de la sphère entière.

$2,8274 \times 0,225 = 0,636165$ surface du grand cercle.

$0,636165 \times 4 = 2,54466$, 4 fois la surface du grand cercle.

le 1/3 du rayon $0,15 \times 2,54466 = 0,381.699$ cube de la sphère entière.

$\frac{0,381,699}{2} = 0^{m^3},190.849$ contenance du vase.

2° Quel rayon faut-il donner à une chaudière 1/2 sphérique, pour qu'elle contienne exactement 300 déci cubes ou litres ?

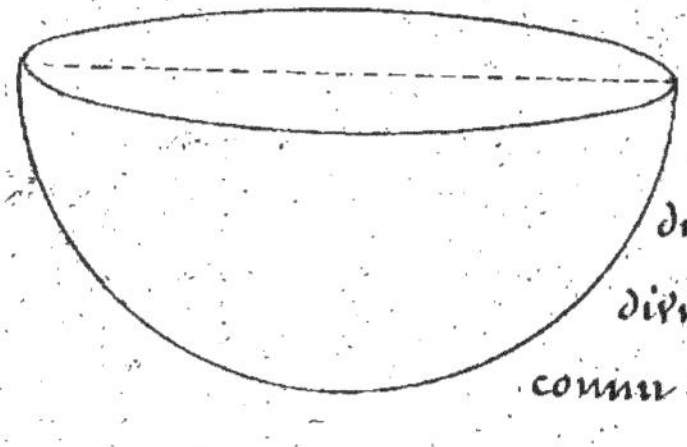

Puisque le volume de la sphère est égal aux $\frac{4}{3}$ de π ou 4,1888 multiplié par le cube du rayon, on voit qu'il faut tout simplement diviser 600, volume de la sphère entière, par le facteur connu 4,1888, ce qui donne pour quotient le cube du rayon, dont on n'a plus qu'à extraire la racine cubique.

$$\frac{0^{m},600^{\text{déci cubes}}}{4,1888} = 0,143.213 \quad \text{Cube du rayon.}$$

$$\sqrt[3]{143.239} = 0,523 \quad \text{rayon de la chaudière à construire.}$$

On vérifie cette opération en cherchant le cube d'une sphère qui a 0,523 de rayon, et en prenant la 1/2 du résultat pour la chaudière demi-sphérique.

3°. Quel est le rayon d'une boule en fer fondu qui pèse 225 Kilogrammes, sachant que le décimètre cube pèse 7 Kilogr, 778 gr. ?

$$\frac{225}{7.778} = 28.920^{\text{déci cubes}} \quad \text{volume de la boule.}$$

$$\frac{0^{m^3},028.920}{4,1888} = 0^{m^3},006.900 \quad \text{cube du rayon.}$$

$$\sqrt[3]{0,006.900} = 0^{m},19 \quad \text{rayon de la boule donnée.}$$

Si l'on avait à chercher le cube d'un corps tout-à-fait irrégulier et qui ne fût pas trop volumineux, on remplirait un vase d'eau avec beaucoup de précision ; on y plongerait ensuite le corps en question qui déplacerait nécessairement un volume d'eau égal au sien. Alors le nombre de litres, ou mieux encore le poids de l'eau déplacée, donnerait exactement le nombre des décimètres cubes, exprimant le volume du corps en question. Lorsque nous aurons vu plus loin ce qu'on entend par *poids spécifique des corps*, nous apprendrons facilement à en chercher le volume connaissant leur poids ; et leur poids, en connaissant leur volume.

Du Stère.

Quand le mètre cube sert à mesurer le bois de chauffage ou le bois de charpente, on l'appelle plus particulièrement *Stère*.

Le Stère se divise en 10 parties égales appelées *décistères* valant par conséquent chacune 100 décimètres cubes; ou bien en 100 parties appelées *centistères*, dont chacune vaut ainsi 10 décimètres cubes.

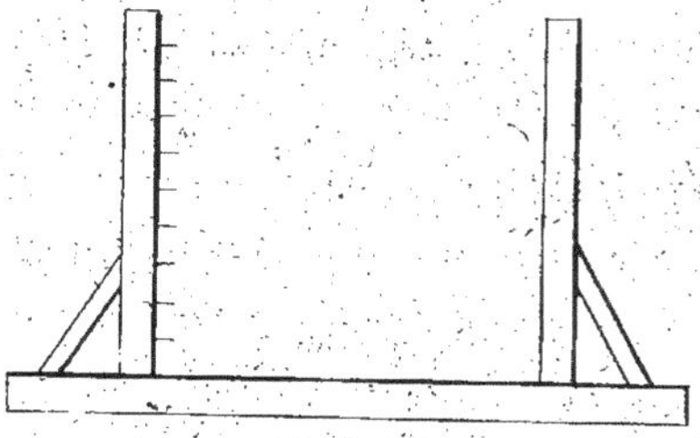

On mesure le bois de chauffage dans un cadre qui prend aussi le nom de Stère, et qui se compose d'une pièce de bois horizontale, dans laquelle sont fixées 2 tiges verticales situées à un mètre de distance : ces deux montants sont unis à la solive horizontale chacun par un lien qui en assure la solidité. Sur chacun d'eux, on trace les dix décimètres du mètre, afin de pouvoir reconnaître du 1er coup d'œil les décistères. Il y a aussi des doubles stères; dans ce cas, les montants sont placés à 2 mètres de distance.

Quand le bois est coupé à un mètre de longueur, on n'a qu'à l'entasser entre les deux montants à la hauteur d'un mètre, pour avoir un stère. Dans ce cas, chaque décimètre de hauteur donne un décistère; mais les bûches ont ordinairement plus d'un mètre. On conçoit qu'il faut alors donner au tas moins d'un mètre de hauteur pour qu'il y ait compensation; voici comment on opère :

La longueur du bois, la hauteur à laquelle il est empilé et la largeur du tas multipliées entre elles, doivent, dans tous les cas, donner un mètre cube. Or, la distance entre les deux montants du Stère étant toujours d'un mètre, il est évident que la longueur du bois, multipliée par la hauteur du tas, doit donner un mètre carré : divisant donc le produit 1^{m^2}, par le facteur connu, la longueur des bûches, on trouve l'autre facteur, c'est-à-dire la hauteur du tas.

Exemple :

A quelle hauteur faut-il entasser du bois de $1^m,25$ de long, pour avoir un Stère ?

$$1^{m^2} : 1,25 = 0^m,80$$ hauteur du tas....

On voit par là qu'on serait en perte, si l'on se contentait de déduire sur la hauteur du tas, ce que les bûches ont en plus du mètre.

Si l'on a du bois équarri à cuber, on y arrive en faisant le produit des 3 dimensions, comme nous l'avons vu plus haut ; si la pièce de bois est plus grosse d'un bout que de l'autre, on prend les dimensions de l'équarrissage au milieu, ou bien encore, si un obstacle empêche d'arriver au milieu, on calcule séparément la surface de chaque bout ; on ajoute ces surfaces, on fait le total des 2 faces et l'on prend la moitié du total, ce qui donne la surface moyenne que l'on multiplie ensuite par la longueur de la pièce. Il faut se rappeler que ce moyen n'est qu'approximatif, et que pour opérer exactement, il faudrait recourir à la formule que nous avons vue plus haut

$$B + B'' + \sqrt{BB'} \times \frac{1}{3} H$$

Applications du cubage
au bois en grume.

On appelle bois en grume du bois qui est encore couvert de son écorce ; pour avoir le cube d'une pièce de bois en grume, voici ce qu'il faut faire : Après avoir pris le contour de la pièce en dedans de l'écorce, à l'un des bouts, ou au milieu, si les 2 extrémités sont d'inégale grosseur, on divise ce contour par 3,1416, ce qui donne le diamètre dont on prend la moitié pour avoir le rayon. On fait le carré de ce rayon, que l'on double, ce qui donne la surface à multiplier par la longueur. Pour avoir le côté de l'équarrissage, on n'aurait qu'à extraire la racine carrée du double carré du rayon.

Soit, pour exemple, une pièce de bois en grume dont la longueur est de $8^m,50$ et le contour pris au milieu $1^m,15$; Combien devra-t-elle être payée à raison de 60^f, le mètre cube ?

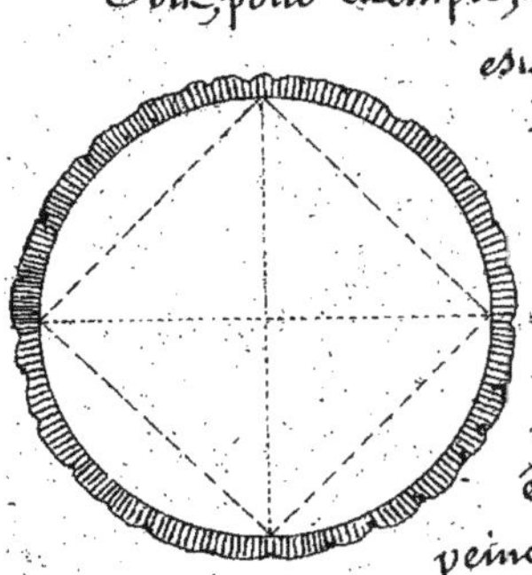

Le marchand de bois qui achète, ne peut payer 60^f, le mètre cube, le bois qui doit être enlevé par l'équarrissage et qui doit à peine suffire pour payer l'ouvrier ; la pièce de bois doit donc être cubée comme si elle était équarrie, ce qui donne lieu aux calculs suivants :

$\frac{1,15}{3,1416} = 0,366$ pour le diamètre.

$\frac{0,366}{2} = 0,183$ pour le rayon.

$0,183 \times 0,183 = 0,0335$ carré du rayon.

$0,0335 \times 2 = 0,0670$ double carré du rayon.

$0,0670 \times 8,5 = 0^{m^3},570$ cube de la pièce équarrie.

$0,570 \times 60^f = 34^f,20$ prix qu'elle doit être payée.

Moyen approximatif.

Après avoir mesuré la circonférence de l'arbre à égale distance des deux bouts, on en déduit le $\frac{1}{5}$; on prend le $\frac{1}{4}$ du reste, ce qui donne le côté de l'équarrissage ; ce $\frac{1}{4}$ étant élevé au carré, donne la surface qu'il faut multiplier par la longueur, pour obtenir le cube de la pièce de bois supposé équarrie.

En déduisant le $\frac{1}{5}$ de la circonférence, on suppose que le bois doit être équarri à *arêtes vives*, comme cela est le plus souvent exigé dans diverses administrations ; mais pour le commerce ordinaire, l'usage est de déduire le $\frac{1}{6}$, ce qui donne un équarrissage plus imparfait, et par conséquent un cube plus considérable. Un marchand de bois qui achète, a donc tout intérêt à mettre, dans son marché, cette condition qu'il déduira le $\frac{1}{5}$. On comprend que le vendeur, au contraire, doit tenir à ce qu'on ne déduise que le $\frac{1}{6}$, car dans ce cas, chaque pièce aura un cube plus considérable puisqu'on en déduit moins, et sera par conséquent payée plus cher.

Voyons sur le même exemple la différence qui résulte de ces deux manières d'opérer :

Une pièce de bois en grume a $7^m,25$ de long et $0^m,85$ de contour à son milieu ; Combien doit-elle être payée à raison de 65^f le mètre cube ?

Déduction du $\frac{1}{5}$.	Déduction du $\frac{1}{6}$.
$\frac{0,85}{5} = 0,17$ Cinq^{me} de la circonférence.	$\frac{0,85}{6} = 0,15$ sixième de la circonférence.
$0,85 - 0,17 = 0,68$ le 1/5 étant déduit.	$0,85 - 0,15 = 0,70$ le 1/6 étant déduit.
$\frac{0,68}{4} = 0,17$ quart du reste.	$\frac{0,70}{4} = 0,175$ quart du reste.
$0,17 \times 0,17 = 0,02.89$ $\frac{1}{4}$ élevé au carré.	$0,175 \times 0,175 = 0,03,06$ $\frac{1}{4}$ élevé au carré.
$0,02.89 \times 7^m,25 = 0^{m^3},209,525$ cube de la pièce.	$0,03.06 \times 7,25 = 0,221.850$ Cube de la pièce.
$0^{m^3}209.525 \times 65^f = 13^f,62$ prix de la pièce.	$0,221.850 \times 65^f = 14^f,42$ prix de la pièce.

Anciennes Mesures
de Volumes.

Avant 1840, on pouvait employer pour mesurer les solides :

1°. la toise cube,
2°. le pied cube,
3°. le pouce cube.

La toise cube est un cube qui a une toise ou 6 pieds ou enfin 2 mètres de chaque côté, et qui vaut par conséquent 216 pieds cubes ou 8 mètres cubes ; ce qui donne 27 pieds cubes pour chaque mètre cube.

Maintenant, comme le mètre cube vaut 1000 décimètres cubes, on a :

$$\frac{1000}{27} = 37$$ décimètres cubes pour la valeur du pied cube.

Enfin, le pied cube vaut 1728 pouces cubes ; mais comme il vaut en même temps 37 décimètres cubes ou 37000 centimètres cubes, si l'on divise ce dernier nombre par 1728 pouces cubes, on a :

$$\frac{37000}{1728} = 21$$ Centimètres cubes pour la valeur du pouce cube.

Résumé :

La toise cube vaut ————	8 mètres cubes,
Le pied cube vaut ————	37 décimètres cubes,
Le pouce cube vaut ————	21 Centimètres cubes.

Si l'on avait maintenant un mémoire d'ouvrier contenant 2 toises, 9 pieds, 25 pouces cubes d'un ouvrage qui doit être payé 3 f. le mètre cube, on le réglerait de la sorte :

2 toises	= 2 × 8	ou ————	16 mètres cubes,
9 pieds	= 9 × 37 déci cubes	ou ————	0, 333
25 pouces	= 25 × 21 centi cubes	ou ————	0, 000.525
		Total	16, 333.525
			3 fr.
		Prix à payer à l'Ouvrier	49 f, 000.575

Le bois de chauffage se vendait autrefois à la corde ; mais comme presque partout aujourd'hui la corde est remplacée par 4 Stères, il devient inutile de parler de cette ancienne mesure.

Quant aux bois de charpente, il est encore question du *pied cube* et de la *Solive* dans bien des localités ; cette dernière mesure vaut 3 pieds cubes ; elle est représentée par une pièce de bois de 6 pieds de long sur 1 pied de large et 6 pouces d'épaisseur ; il faut donc connaître le rapport de ces mesures au stère, au déci stère et au centi stère.

Le mètre cube vaut ————	27 pieds cubes ou 9 Solives
Le décistère " ————	2, 7
Le centistère " ————	0, 27

Nous avons vu que le pied cube vaut 37 décimètres cubes ; par conséquent, la Solive qui vaut 3 pieds cubes, vaut aussi 3 fois 37 ou 111 décimètres cubes. Connaissant un certain nombre de solives et de pieds cubes, il est donc très facile de les convertir en Stères, décistères et centistères.

C'est ainsi que pour 5 solives, 2 pieds cubes, 125 pouces cubes, on aura :

5 solives × 111 déci cubes	=	0^m, 555 déci cubes
2 pieds cubes × 37 déci cubes	=	0, 074
125 pouces cubes × 21 centi cubes	=	0, 002. 625
		0^m3, 631 . 625

Ou bien 6 décistères 31 centistères.

Un Marchand achète du bois à 6f,75 la solive ; Combien paie-t-il le mètre cube ?

Le mètre cube valant 9 solives, on a :

9 × 6,75 = 60f,75 prix du mètre cube.

Quel est le prix d'une pièce de bois de 16 pieds cubes, achetée à raison de 7f,50 le décistère ?

Le pied cube valant 37 décimètres cubes, on a :

16 × 37 = 592 décimètres cubes ou 5 décistères 92.

5,92 × 7f,50 = 44f,40 prix de la pièce de bois.

Chapitre V.

Mesures de Capacité
ou de contenance.

On a pris pour unité de mesure de capacité ou de contenance, le décimètre cube auquel on a donné le nom de Litre, servant à mesurer les liquides et les matières sèches. La forme du décimètre cube a été remplacée par un cylindre ayant exactement la même contenance. Pour la mesure des liquides, ce cylindre est en étain et a une profondeur double du diamètre ; pour les grains, il est construit en bois, et sa profondeur est égale à son diamètre.

Les Subdivisions du Litre sont :

1°. le décilitre,
2°. le centilitre.

Mais comme la loi autorise les doubles et les moitiés, les subdivisions en usage pour le litre sont :

		Diamètres.	Profondeurs.	Cubes	Poids correspond.ts
1°.	Le Litre	86 millim.	172 millim.	1000 centi.	1000 grammes.
2°.	Le demi-Litre	68	136	500	500
3°.	Le double décilitre ..	50	100	200	200
4°.	Le décilitre	40	80	100	100
5°.	Le demi-décilitre ..	31 . 5	63	50	50
6°.	Le double centilitre ..	23	46	20	20
7°.	Le centilitre	18 . 5	37	10	10

Les composés du Litre servent ordinairement pour les matières sèches ; ils sont construits en bois, avec une profondeur égale au diamètre ; ce sont :

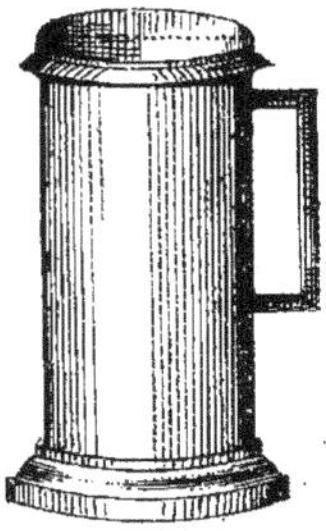

		Diamètres.	Cubes.	Poids correspond.ts
1°.	Le Litre	108 milli.	1000 centi.	1000 gram.
2°.	Le double litre	136 "	2000 "	2000 "
3°.	Le demi-décalitre ...	185 "	5000 "	5000 "
4°.	Le décalitre	233 "	10 déci cub.	10 Kilog.
5°.	Le double décalitre ...	294 "	20 "	20 "
6°.	Le demi-hectolitre ..	400 "	50 "	50 "
7°.	L'hectolitre	503 "	100 "	100 "

Les

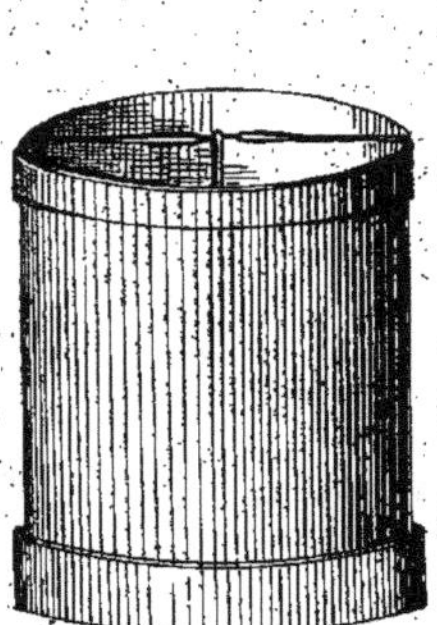

Les mesures en étain sont le plus souvent garnies d'une anse placée sur le côté, et quelquefois d'un couvercle du métal. Quant aux mesures en bois, elles n'ont point de couvercle; les plus grandes sont le 1/2 hectolitre et l'hectolitre; elles sont ordinairement munies de deux anses, afin qu'on puisse les soulever plus facilement; en outre, elles portent une tige de fer placée comme diamètre à l'ouverture, et soutenue à son milieu par une autre tige verticale, placée au centre de la mesure.

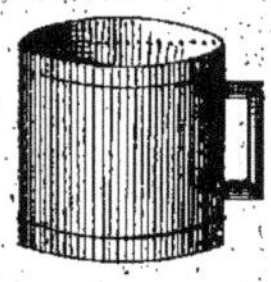

Les mesures de capacité pour le lait sont en fer-blanc, et garnies d'une anse sur le côté comme les mesures pour les matières sèches; elles ont le diamètre égal à la profondeur et contiennent deux décilitres, de sorte qu'il en faut cinq pour faire un litre.

Mesurage des grains.

Il y a deux manières de mesurer les grains; on les introduit doucement dans la mesure, ou bien on les tasse en les introduisant de manière à en faire tenir le plus possible. Pour certaines matières, on remplit la mesure au comble, c'est-à-dire aussi haut que possible par dessus les bords; pour d'autres, la mesure est *raflée*: Dans ce dernier cas, après avoir rempli la mesure, on passe sur les bords une règle nommée *rafle* de manière à enlever la quantité surabondante. On voit que le mesurage des grains peut donner lieu à bien des contestations entre le vendeur et l'acheteur, la même mesure pouvant admettre des quantités très inégales de la même graine, suivant qu'elle a été plus ou moins tassée. Pour prévenir toute difficulté à ce sujet, on laisse tomber d'elle-même la graine dans la mesure, et toujours de la même hauteur. Elle se tasse ainsi d'elle-même, et toujours au même degré. Il est bien entendu qu'on ne doit point favoriser le tassement, en secouant le vase; on passe ensuite la rafle sur les bords de la mesure qui contient alors la quantité légale.

Influence de la grandeur des vases *et de la forme des graines* dans le mesurage.

Lorsque les graines sont introduites dans un vase, celles qui touchent aux parois laissent entre elles et ces parois des vides qui sont d'autant plus grands que ces parois sont plus rapprochées, et que les graines sont plus grosses. En partant de ce principe, un litre de petits pois mesuré dans le litre en étain, ne doit pas remplir exactement le litre en bois, si les conditions de mesurage sont les mêmes de part et d'autre, c'est-à-dire si l'on verse de la même hauteur dans les deux cas, et si l'on n'agite point les deux mesures pour aider le tassement.

Il est vrai que cette expérience présente une différence très peu sensible à cause de la petitesse des grains mesurés; mais elle serait déjà remarquable, si l'on opérait sur des noix, par exemple.

10 litres de noix et à bien plus forte raison 10 litres de pommes de terre, mesurés dans le litre en bois, ne remplissent pas le décalitre; mais il faut pour cela que les mesures ne soient point prises au comble, car on conçoit que les combles des 10 litres mesurés séparément donneraient plus que le comble du décalitre.

Si, au lieu du litre en bois, on se servait du litre en étain pour l'expérience, il est facile de comprendre que l'on trouverait une différence en moins, plus sensible encore dans la contenance du décalitre, puisque les parois du litre en étain étant plus rapprochées, ce dernier contient un peu moins de la même graine, que le litre en bois.

La conclusion toute naturelle de ce qui précède, c'est qu'il faut bien se garder d'acheter de gros fruits mesurés dans de petits vases, et qu'il y a plus d'avantage à acheter par exemple cent litres de noix, de pommes de terre, ou de tout autre gros fruit, mesurés d'un seul coup dans l'hectolitre, que de les acheter au double décalitre; la perte serait plus grande en mesurant au décalitre; elle serait enfin assez considérable si l'on mesurait au litre, en supposant, dans tous les cas, le mesurage sans comble.

Le marchand qui achète des fruits à l'hectolitre et qui les revend au détail, fait donc d'abord sur la quantité un bénéfice qui sera d'autant plus important que la mesure dont il se servira pour son détail sera plus petite, et que les substances vendues seront plus grosses. Quant aux vides que les graines mesurées laissent entre elles, ils dépendent absolument de leur forme. Ainsi, les graines allongées laissent moins de vides que les graines rondes; par exemple, un hectolitre de pommes de terre longues, donne plus de volume qu'un hectolitre de pommes de terre ordinaires; il en est de même d'un litre de lentilles comparé à un litre de petits pois; comme il y a plus de matière nutritive là où il y a moins de vides, il y aurait donc avantage pour une personne qui achèterait de grosses pommes de terre, mélangées de petites, à ne point faire trier ces dernières qui rempliront en partie les vides laissés par les plus grosses, de telle sorte que la mesure ne sera pas sensiblement accrue par cette augmentation de matière qui sera alors tout bénéfice.

C'est ainsi qu'on aurait un très grand avantage à acheter mélangées, deux graines d'inégale grosseur; des petits pois et du millet par exemple; les plus petites graines allant occuper tous les vides laissés par les plus grosses, et étant alors tout bénéfice. Mais ce cas ne peut guère se présenter, car on ne trouvera aucun marchand qui n'ait pas assez de bon sens pour vendre séparément les deux graines, en laissant à l'acheteur le soin de les mélanger s'il le juge à propos, quand il les aura achetées séparément.

Anciennes mesures de contenance.

Les anciennes mesures de capacité pour les matières sèches, étaient les suivantes :

1°.	Le double boisseau contenant	25 litres	1/4	de l'hectolitre.
2°.	Le boisseau, ...	12 l. 1/2	1/8	d°.
3°.	Le 1/2 boisseau, ...	6 1/4	1/16	d°.
4°.	Le 1/4 de boisseau, ...	3 1/8	——	
5°.	Le litron, ...	0 l., 813	——	
6°.	Le 1/2 litron, ...	0, 406	——	

Le boisseau le plus en usage était le 1/8 de l'hectolitre ; il a été remplacé très avantageusement par le décalitre. Le litron était un peu plus petit que le litre dont il valait à peu près $0^l,813$; il fallait 15 litrons pour faire un boisseau.

Les anciennes mesures de capacité pour les liquides étaient :

1°.	Le muid, valant ————	268 litres,	ou .... 2 feuillettes
2°.	La feuillette, ————	134 "	ou .... 2 quartauts
3°.	Le quartaut, ————	67 "	ou .... 9 veltes
4°.	La velte, ————	7,45 "	ou .... 8 pintes
5°.	La pinte, ————	0,931 "	ou .... 2 chopines
6°.	La chopine, ————	0,46 "	ou .... 2 1/2 setiers
7°.	Le 1/2 setier, ————	0,23 "	————

On voit par ce tableau que la valeur d'un muid en pintes, égale $2 \times 2 \times 9 \times 8 = 288$ pintes.

On voit encore que si l'on avait des pintes à convertir en litres, il faudrait multiplier la valeur d'une pinte en litre, ou 0,931 par le nombre de pintes. C'est ainsi que l'on trouve que les 288 pintes du muid, valent 288 fois $0^l,931$ ou $288 \times 0,931 = 268$ litres.

Au contraire, si l'on a des litres à convertir en pintes, il faudra diviser le nombre de litres par la valeur de la pinte en litres ; car si l'on a : Litre = Pinte $\times$ 0,931

On a par cela même : Pinte = Litre : 0,931

par cette raison que le litre est un produit dont les deux facteurs sont la pinte $\times$ 0,931, et qu'il suffit de diviser un produit par l'un de ses facteurs pour retrouver l'autre.

Nous avons vu au Chapitre des Solides toutes les applications pratiques de la mesure des capacités, auxquelles on arrive en cubant les différents vases, suivant les règles que fournit la Géométrie pour chacun d'eux, et en considérant que le décimètre cube et le litre sont égaux, et qu'il faut prendre pour la contenance du vase autant de litres que l'on trouve de décimètres cubes dans le calcul de son volume.

Chapitre VI.

Unité de mesure pour les poids.

Le Gramme.

L'unité de mesure pour les poids est le Gramme ; il est égal au poids de l'eau contenue dans le centimètre cube, ce qui montre tout de suite comment cette unité dérive du mètre. L'eau dont on se sert pour déterminer le poids du Gramme doit être pure, prise à la température de 4° au-dessus de 0 du thermomètre Centigrade et enfin pesée dans le vide.

Quelques mots d'explication feront comprendre pourquoi toutes ces précautions sont indispensables.

Précautions prises pour arriver à la détermination du Gramme.

1° L'eau doit être pure, c'est-à-dire sans aucun mélange de matières étrangères :

En effet, toutes les eaux, même l'eau de pluie qui est la plus pure, renferment en dissolution des substances étrangères variables dans leur nature et dans leur proportion, suivant l'origine de ces eaux. Il pourrait donc arriver qu'un centimètre cube d'eau de rivière, par exemple, renfermât plus ou moins de ces matières étrangères, qu'un centimètre cube plein d'eau de puits ; de sorte que les 2 centimètres cubes pourraient contenir 2 quantités de matières étrangères différentes de poids, quand bien même leur volume serait égal. Il faudrait alors pour que l'unité de poids conservât invariablement sa valeur, prendre toujours de l'eau de même nature, renfermant en même quantité les mêmes substances. Il est bien plus simple, évidemment, de prendre de l'eau pure comme la donne la distillation.

2°

2° L'eau doit être prise à la température de 4° au-dessus de Zéro du Thermomètre Centigrade :

En effet, nous savons que la chaleur augmente le volume des corps : ainsi, que l'on verse un litre d'eau dans une chaudière qui en peut contenir 10, et qu'on la place devant le feu ; bientôt on verra l'eau échauffée augmenter de volume, au point de s'élever par-dessus les bords de la chaudière ; elle diminuera de volume, au contraire, au fur et à mesure que la chaleur deviendra moins intense. On voit le même phénomène se produire lors de l'élévation du Mercure ou de l'esprit de vin dans le thermomètre.

Supposons maintenant que l'on remplisse 2 centimètres cubes, l'un d'eau chaude et l'autre d'eau froide ; il est bien facile de comprendre que ce dernier contiendra plus de liquide que le premier dont l'eau diminuera de volume en se refroidissant, de manière à ne plus remplir le centimètre cube en entier. Or, ce qui est vrai pour l'eau chaude, le sera également, d'une manière moins sensible, à la vérité, pour toute eau d'une température moins élevée.

Pour obvier à cet inconvénient, on a choisi la température de 4° au dessus de Zéro de préférence à toute autre, parcequ'elle correspond au plus petit volume possible d'une masse d'eau, ou à sa plus grande densité. C'est là ce qu'on appelle le *maximum* de densité, c'est-à-dire le point où il y a le plus d'eau possible concentrée sous le même volume. Au dessus de ce terme, la masse s'accroît par l'effet de l'augmentation de la chaleur ; au dessous, elle s'accroît également, malgré l'effet contraire de la diminution de la chaleur. En effet, tout le monde peut remarquer que l'eau, à l'approche du point où elle se change en glace, prend la forme de petites aiguilles qui, s'entrecroisant dans tous les sens, laissent entre elles des vides qui n'existaient point quand cette eau était à l'état liquide. C'est cette augmentation de volume qui fait qu'un décimètre cube de glace pèse moins qu'un décimètre cube d'eau, et qui fait par conséquent flotter les glaçons à la surface des rivières.

3° L'eau doit être pesée dans le vide ;

En voici la raison :

Un corps plongé dans l'eau perd de son poids une quantité précisément égale au poids de l'eau déplacée ; ainsi, un décimètre cube de pierre qui pèse 3 Kilogrammes dans l'air, n'en pèsera plus que 2, étant plongé dans l'eau. Or, ce qui est vrai d'un corps que l'on enfonce dans l'eau, l'est également du même corps placé dans l'air. Ainsi, le décimètre cube d'air pesant 1 g, 3, le poids du décimètre cube de pierre, dont nous venons de parler, étant obtenu dans l'air, se trouve diminué du poids de l'air déplacé, c'est-à-dire de 1 g, 3. Par conséquent, si l'on trouve dans l'air 3 Kilog, il y aura dans le vide 3001 g, 3. Mais l'air n'a pas toujours la même densité ; ainsi, quand il est chaud, il est moins dense ; quand il est froid, il est plus dense ; de sorte que un litre d'air chaud en contient moins qu'un litre d'air froid, et est par conséquent plus léger que ce dernier. Il en résulte que le même corps pouvant déplacer tantôt un volume d'air plus léger, tantôt le même volume d'air plus lourd, pèserait plus ou moins suivant les variations de l'atmosphère. On voit donc qu'il était indispensable de soustraire l'unité de poids à l'action si inconstante de l'air. Maintenant, l'eau n'a point été réellement pesée dans le vide ; seulement, au moyen de calculs, on a ramené le poids du décimètre cube d'eau, sur lequel on a opéré, à ce qu'il eût été réellement, s'il eût été pesé dans le vide. C'est ainsi qu'on a déterminé le Kilogramme dont la millième partie est le gramme, correspondant au poids d'un centimètre cube d'eau distillée, comme on peut s'en convaincre au moyen d'une petite balance de précision : En versant sur l'un des plateaux l'eau contenue exactement dans le centimètre cube, et mettant sur l'autre le poids du gramme, l'équilibre s'établit à quelque légère différence près, provenant de ce que l'eau n'est pas dans les conditions déterminées plus haut.

Il est facile, d'après ce qui précède, de comprendre comment le Litre ou le décimètre cube d'eau, valant mille centimètres cubes, pèse par conséquent mille grammes ou un Kilogramme. On peut en déduire aussi aisément les poids de toutes les subdivisions et de tous les composés du litre, tels que nous les avons vus dans le tableau de ces diverses mesures, au Chapitre qui traite de l'unité de capacité.

Ajoutons, pour compléter tout ce qu'il y a à dire sur ce sujet, qu'un mètre cube d'eau valant 1000 décimètres cubes pèse par conséquent 1000 Kilogrammes.

Le Gramme étant trop petit pour les usages du commerce ordinaire, est considéré comme unité scientifique.

C'est le Kilogramme qui est l'unité commerciale; ce même poids, construit en platine sous la forme d'un cylindre dont la hauteur est égale au diamètre, est déposé aux Archives et sert de régulateur pour tous les poids en France.

Rapport du Gramme au Mètre.

Puisque toutes les unités du système ont pour base le mètre, voyons donc maintenant comment on pourrait revenir du gramme au mètre: d'abord, en faisant équilibre au gramme avec un corps quelconque, et reportant ce dernier du côté du gramme, on obtient ainsi 2 grammes; en répétant la même opération, on obtient 4 grammes; on prend 5 fois ce dernier poids, ce qui donne 20 grammes, lequel répété 5 fois, donne l'hectogramme; ce dernier poids pris 10 fois donne enfin le Kilogramme.

Si l'on prend maintenant une quantité d'eau pesant juste un Kilogramme, que l'on verse dans un vase quelconque, sur les parois duquel on marque le niveau de l'eau, il y aura exactement un litre de ce niveau au fond du vase, et cette portion de la capacité du vase pourra être employée pour unité de mesure.

Si l'on fait ensuite une boîte cubique qui contienne exactement un Kilogramme d'eau, la profondeur de cette boîte sera égale au décimètre avec lequel on retrouvera facilement le mètre.

Composés et Subdivisions du Gramme.

Le Gramme, comme toutes les autres unités du système métrique que nous avons vues, se compose et se subdivise de la manière suivante :

Composés.	Subdivisions.
Gramme,	Gramme,
Décagramme,	Décigramme,
Hectogramme,	Centigramme,
Kilogramme,	Milligramme.
Myriagramme.	

Maintenant, en prenant les doubles et les moitiés, on a le tableau général suivant, que l'on peut diviser en trois séries.

1° Série des gros poids.			
		Cube correspondant.	Mesure de Capacité correspondante.
Le double myriagramme, ou	20 Kilog.	20 décim. cubes	double décalitre
le myriagramme	10 "	10 "	décalitre
le 1/2 myriagramme	5 "	5 "	1/2 décalitre
le double Kilogramme	2 "	2 "	double litre
le Kilogramme	1 "	1 "	un litre
2° Série des poids moyens.			
Le 1/2 Kilogramme, ... ou	500 grammes	500 centi. cubes	$0^l,50$ centil.
le double hectogramme ...	200 "	200 "	0, 20 "
l'hectogramme	100 "	100 "	0, 10 "
le 1/2 hectogramme	50 "	50 "	0, 05 "
le double décagramme ...	20 "	20 "	0, 02 "
le décagramme	10 "	10 "	0, 01 "
le 1/2 décagramme	5 "	5 "	———
le double gramme	2 "	2 "	———
le gramme	1 "	1 "	———

3e Série des petits poids.

Le 1/2 gramme, ... ou	5 décigrammes.
Le double décigramme, ... ou	2 id.
Le décigramme, ... ou	1 id.
Le 1/2 décigramme, ... ou	5 centigrammes
Le double centigramme, ... ou	2 id.
Le centigramme, ... ou	1 id.
Le 1/2 centigramme, ... ou	5 milligrammes
Le double milligramme, ... ou	2 id.
Le milligramme, ... ou	~~~~~~~~~~

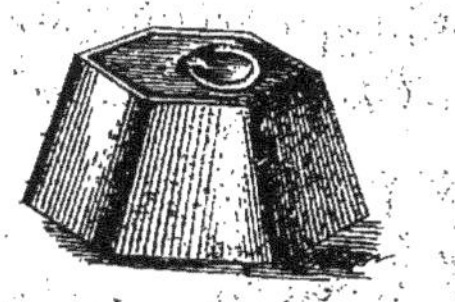

La 1re série comprend tous les poids qui dépassent le Kilogramme; ils sont en fonte de fer ayant la forme de pyramides à 6 faces, et munis d'un anneau au moyen duquel on peut les soulever. Le plus gros que l'on fasse, celui de 20 Kilogrammes, est le seul qui ait la forme d'un tronc de pyramide à 4 faces, plus long que large.

La 2e série comprend les poids moyens en usage dans le commerce au détail. Ces poids sont en cuivre, ayant la forme d'un cylindre dont la hauteur est égale au diamètre; afin qu'on puisse les prendre plus facilement, ils sont surmontés d'un bouton dont la hauteur est égale à la moitié du diamètre du cylindre. Le volume de ce bouton est pris sur celui du cylindre qui est alors creux, et contient du plomb en quantité suffisante pour qu'ils soient ajustés avec la plus grande précision.

Les poids de cette série qui vont du Kilogramme à l'hectogramme existent aussi en fonte, ayant la forme de pyramides à 6 faces; on les manie à l'aide d'un anneau mobile ajusté avec du plomb fondu à la base inférieure. La valeur de chaque poids, qui porte l'empreinte du Vérificateur, doit être inscrite à la surface supérieure.

Les poids de cette série ont encore souvent la forme de Cônes tronqués entrant les uns dans les autres, le tout avec ou sans couvercle, formant un poids déterminé d'un Kilogramme ou du double Kilogramme, ou du 1/2 Kilogramme. On les appelle poids à godets; Une condition essentielle de régularité, c'est qu'un poids pris dans une pile puisse entrer exactement dans la même subdivision d'une autre pile de même poids.

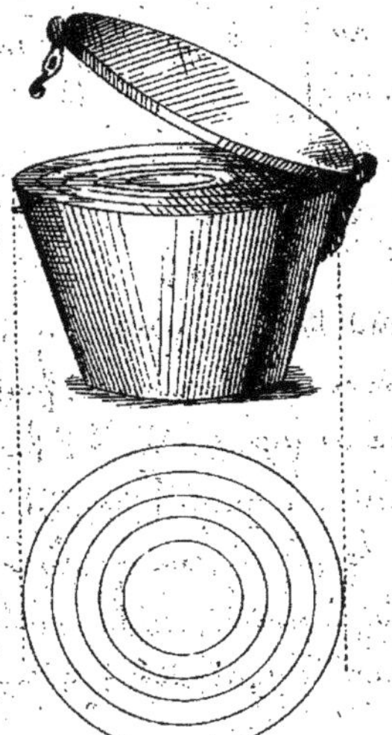

La 3e série comprend les petits poids servant aux pesées très délicates, et qui exigent une grande précision, comme lorsqu'il s'agit d'évaluer le poids de l'or, des pierres précieuses, des substances vendues par les pharmaciens. Ces poids ont ordinairement la forme de petites lames carrées, dont l'un des angles est redressé pour être saisi plus facilement à l'aide d'une petite pincette. On leur donne encore la forme d'une circonférence formée de petits fils de cuivre soudés ensemble.

Dans le commerce en gros, on se sert du *quintal métrique* qui vaut 100 Kilogrammes; ce poids n'existe pas réellement; mais on le forme avec d'autres poids. Il y a encore le *tonneau de mer* pesant 1000 Kilog. et qui sert à évaluer le chargement des navires: ainsi, lorsqu'on dit qu'un vaisseau est de 5 ou 600 tonneaux, cela signifie qu'il peut porter 5 ou 6000 Kilogrammes.

Lorsqu'il s'agit de la charge des bateaux, on se sert de la dénomination de *Tonne* également du poids de 1000 Kilogrammes; voici comment on évalue le poids des marchandises contenues dans un bateau:

D'abord on s'appuie sur ce principe: que le poids d'un corps quelconque est égal au poids de l'eau qu'il déplace.

Cela posé, on remarque que le volume d'eau déplacée a précisément la forme d'un parallélipipède, dont la longueur est celle du bateau, mesurée sur le fond même; pour largeur, celle du bâteau, et pour épaisseur la hauteur de l'enfoncement dans l'eau, qu'on appelle *Tirant d'eau*; mais ordinairement les bateaux sont inclinés vers une extrémité; on prend alors pour longueur moyenne la distance comprise entre l'extrémité non inclinée, et le milieu du tirant d'eau sur la face inclinée, que le bateau soit vide ou chargé.

Soit pour exemple la question suivante:

Un bateau a 25 mètres de long, mesurés sur le fond AB; 4m,50 de largeur; son tirant d'eau à vide est de 0m,25 et de 0m,75 lorsqu'il est chargé; comme l'une des extrémités est inclinée, il faut ajouter à la longueur du fond 0m,50 pour la distance MN prise du milieu du tirant d'eau à vide, et 1m,40 pour cette distance OP, lorsque le bateau est chargé; On demande quel est le poids des marchandises qu'il contient.

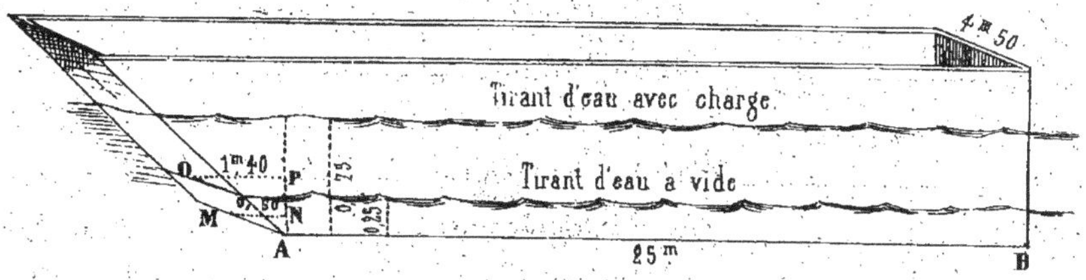

Calculs.

1° $25 + 1,40 = 26,40 \times 4,50 \times 0,75 = 89^{m^3},100$ Cube de l'eau déplacée par le bateau chargé.

2° $25 + 0,50 = 25,50 \times 4,50 \times 0,25 = 28^{m^3},690$ Cube de l'eau déplacée par le bateau vide.

Reste .... 60, 410 Cube de l'eau déplacée par le poids des marchandises.

Egal à 60 tonnes 410 Kilogrammes.

Si les deux extrémités étaient inclinées, on ajouterait à la longueur du fond, la distance qui le sépare du niveau de l'eau d'un bout seulement, en négligeant l'autre extrémité, ce qui établirait une compensation exacte.

Si les parois latérales du bateau étaient inclinées, on prendrait une largeur moyenne, comme nous venons de le faire en supposant les deux bouts inclinés.

Souvent il est impossible de peser certaines masses, dans ce cas, on peut en obtenir le poids en mesurant leur volume et en ayant égard à leur *poids spécifique* ou densité. On appelle ainsi le poids d'un corps quelconque comparé à celui de l'eau prise sous le même volume : Ainsi, en prenant comme base le décimètre cube qui pèse un Kilogramme, on a le tableau suivant qui indique le poids d'un même volume de chaque substance.

		Kilog.
1.	Le décimètre cube d'Eau	1, 000
2.	Eau de mer	1, 026
3.	Eau glacée	0, 930
4.	Acide sulfurique	1, 850
5.	Acide nitrique	1, 207
6.	Vin de Bourgogne	0, 992
7.	Vin de Bordeaux	0, 994
8.	Vinaigre	1, 013
9.	Alcool du Commerce	0, 837
10.	Eau de vie à 22°	0, 923
11.	Huile d'olive	0, 915
12.	Huile de noix	0, 923
13.	Lait de vache	1, 032
14.	Or	19, 258
15.	Platine	20, 722
16.	Argent	10, 475
17.	Cuivre pur, rouge	9, 000
18.	Cuivre jaune, laiton	8, 400
19.	Fer forgé	7, 870
20.	Fer fondu	7, 645

21.	Le décimètre cube d'	Étain	7 Kilog, 291
22.		Plomb	11 , 352
23.		Acier	7 , 833
24.		Zinc	6 , 861
25.		Mercure	13 , 598
26.		Bronze	2 , 416
27.		Fonte	2 , 600
28.		Albâtre	1 , 875
29.		Marbre	2 , 696
30.		Pierre de Liais	2 , 078
31.		Granit	2 , 654
32.		Verre	2 , 500
33.		Ivoire	1 , 917
34.		Soufre	2 , 033
35.		Cire	0 , 970
36.		Suif ou Beurre	0 , 942
37.		Chêne frais	0 , 930
38.		Chêne sec	1 , 670
39.		Orme ou aulne	0 , 800
40.		Hêtre	0 , 852
41.		Érable	0 , 755
42.		Noyer	0 , 671
43.		Saule	0 , 685
44.		Tilleul	0 , 604
45.		Sapin	0 , 657
46.		Peuplier	0 , 383
47.		Pommier	0 , 733
48.		Poirier	0 , 661
49.		Prunier	0 , 785
50		Cerisier	0 , 715
51.		Buis	0 , 912
52.		Terreau	0 , 830
53.		Terre végétale	1 , 214
54.		Terre glaise	1 , 700
55.		Sable fin sec	1 , 400

56.	Le décimètre cube de Sable fin, humide	1 Kilog, 900
57.	——— Sable de rivière	1, 770
58.	——— Mâchefer	0, 770
59.	——— Pierre à bâtir, tendre	1, 142
60.	——— Pierre ordinaire	1, 500
61.	——— Maçonnerie en moëllons	2, 240
62.	——— Maçonnerie en briques	1, 870
63.	——— Charbon de terre	0, 942
64.	——— Grès des paveurs	8, 000
65.	——— Pierre à fusil	7, 200
66.	——— Plâtre gâché	1, 600

Les corps gazeux étant infiniment plus légers que l'eau, sont comparés à l'air atmosphérique pris pour unité.

1°.	——— Air atmosphérique	1, 000
2°.	——— Acide carbonique	1, 524
3°.	——— Oxygène	1, 103
4°.	——— Hydrogène	0, 069
5°.	——— Azote	0, 970
6°.	——— Ammoniac	0, 596
7°.	——— Vapeur aqueuse à 100 degrés.	0, 519

Le poids d'un décimètre cube d'air à 0. degr. est de 1, 264.

On trouve, dans les usages de la vie, une foule de circonstances où la connaissance des poids spécifiques est très utile.

Supposons, par exemple, qu'on veuille connaître le poids d'une pièce de chêne frais qui a 5 mètres de long, sur 0,75 et 0,85 ; on en fait le cube, ce qui donne :

$$5 \times 0,75 \times 0,85 = 3^{m^3},187.500$$

Maintenant on raisonne ainsi : Un pareil volume d'eau pèserait 3187 Kilog. 500 grammes, mais puisque le chêne vert ne pèse que $0^{Kil},930$ le décimètre cube, on voit qu'il ne s'agit que de multiplier le cube de la pièce par $0^{Kil},930$ ce qui donne :

$$3,187.5 \times 0,930 = 2964^{Kil},375$$ pour le poids de la pièce de chêne.

Il existe un préjugé généralement répandu par lequel on croit que le bois frais est plus dense que le bois sec. La cause de cette erreur, c'est que si l'on vient à soulever un morceau de bois nouvellement abattu, et qu'on soulève ce même morceau un an après, par exemple, on le trouve plus léger. C'est vrai, en effet ; il est plus léger de toute l'eau qui s'est évaporée et il ne reste plus alors que le poids réel du bois. Mais on ne réfléchit pas que ce bois a bien diminué de volume, comme on le voit très bien sur les boiseries dans les fortes chaleurs ; que l'on prenne donc un morceau de bois frais exactement de la même grosseur et de la même espèce, et l'on trouvera ce dernier nécessairement plus léger, puisque dans ses pores se trouve compris un certain volume d'eau qui pèse moins qu'un même volume de bois.

La connaissance de la mesure des solides donne le moyen d'obtenir de la même manière le poids d'une glace, celui d'une colonne de marbre, d'une pierre dure, d'un bloc de grès, d'une barre de fer cylindrique, d'une boule en fonte, d'une pièce de vin, &c.

S'il s'agissait du poids d'un corps irrégulier, d'un vase en fonte, par exemple, voici comment on pourrait opérer : On le renfermerait dans une sorte de caisse en planches bien jointes, de l'intérieur de laquelle on prendrait le cube bien exactement et que l'on remplirait d'eau. Le nombre de décimètres cubes d'eau versés dans l'intérieur de la caisse étant retranché du volume trouvé en premier lieu, donnerait précisément le nombre de décimètres cubes du vase, lequel multiplié par 7.20 égalerait le poids de ce vase.

On peut également revenir du poids au volume de la matière du vase, toujours au moyen de la connaissance du poids spécifique ; soit, pour exemple, un vase de bronze dont on veut connaître le volume : on commence par le peser et si l'on trouve 175 Kilogr. on raisonne ainsi : le nombre de décimètres cubes multiplié par la pesanteur spécifique 7.20 donne le poids ; donc 175 Kilogr. est un produit qu'il faut diviser par le facteur connu 7.20 ce qui donne pour cube du vase :

$$\frac{175}{7.20} = 24^{\text{déci}^3},305$$

Nous verrons au Chapitre des monnaies comment on peut trouver ainsi le volume d'une somme quelconque en or, en argent ou en cuivre.

Ancienne unité de poids.

L'ancienne unité de poids était :

1°. La Livre, valant .... 16 onces,
2°. L'Once, " .... 8 gros,
3°. le Gros, " .... 72 grains.

ce qui donnait pour la livre :

$$16 \times 8 \times 72 = 9216 \text{ grains}.$$

Maintenant, on a trouvé qu'un gramme vaut $18^{\text{grains}},827$; par conséquent le Kilogramme en vaut mille fois plus, c'est-à-dire

18827. Si l'on veut connaître le rapport du Kilogramme à l'ancienne livre, il faut donc diviser 18827 grains par 9216 nombre de grains contenus dans la livre, ce qui donne pour quotient 2,042 d'où l'on voit que le Kilogramme vaut un peu plus que 2 livres anciennes.

Avant 1840, la livre était encore en usage avec ses subdivisions, mais alors elle était égale au 1/2 Kilogramme, c'est-à-dire qu'elle valait 500 grammes.

On avait donc pour une once $\frac{500}{16} = 31^{\text{grammes}},25$

——— pour un gros $\frac{31.25}{8} = 3^{\text{gr}},90$

——— pour un grain $\frac{3,9}{72} = 0^{\text{gr}},054$

Bien des personnes ne sont pas encore familiarisées avec les mots Kilogramme, Hectogramme, Décagramme, et parlent toujours de livres et d'onces, lorsqu'elles entrent dans un magasin ; le tableau qui précède peut leur apprendre à convertir immédiatement ces anciennes unités en unités nouvelles.

Si l'on demandait par exemple 5 onces et 6 gros d'une marchandise, on recevrait :

1°. 5 fois $31^{\text{grammes}},25$ ou $156^{\text{gr}},25$ pour 5 onces,
2°. 6 fois 3 , 90 ou 23 , 40 pour 6 gros.

Total . . . $179^{\text{gr}},65$

pesée dans laquelle entreraient les poids suivants :

1°. l'Hectogramme,
2°. le 1/2 hectogramme,
3°. le double décagramme,
4°. le 1/2 décagramme,
5°. 2 poids du double gramme.

Comme il y a encore 0^{gr},65, on pourrait même exiger le demi-gramme, en négligeant les 15 centigrammes qui sont en plus.

On opérerait de la même manière dans tous les autres cas.

Des instruments de pesage.

On nomme en général poids d'un corps la pression que ce corps exerce sur l'obstacle qui s'oppose directement à sa chute ; c'est là ce qu'on appelle *poids absolu*, par opposition au *poids relatif* ou *poids spécifique* dont nous avons parlé plus haut. Pour comparer entre elles les diverses pressions, pour savoir, par exemple, si l'une est double, triple ou quadruple d'une autre, on prend pour unité de poids le *gramme*, et l'on exprime le poids des corps avec les multiples ou les subdivisions de cette unité ; ainsi on énonce le poids d'un corps en disant combien il faut de grammes pour faire équilibre à la pression qu'il exerce sur le plateau d'une balance, ou en d'autres termes combien le poids de corps contient celui de l'unité adoptée.

On distingue trois sortes de balances :

1°. La balance à bras égaux,
2°. La Romaine,
3°. La balance-bascule.

Nous allons les décrire chacune en particulier.

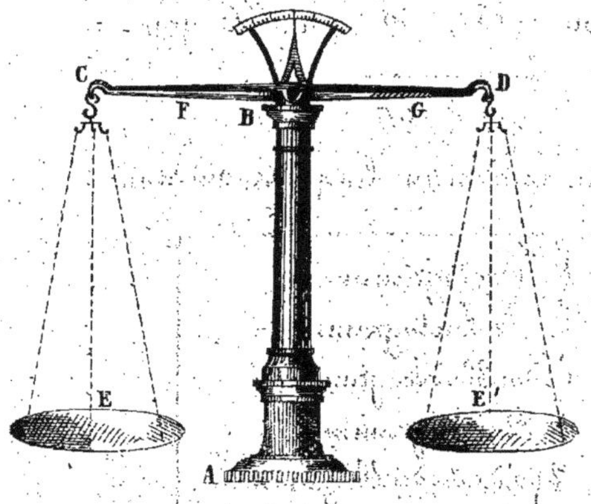

La balance à bras égaux, celle dont on se sert le plus ordinairement, est composée de trois parties principales qui sont :

1° la Colonne AB
2° le fléau CD
3° les plateaux EE'

La colonne supporte le fléau ; elle n'a point une forme déterminée seulement il importe qu'elle soit bien perpendiculaire sur sa base, assez forte et un peu plus longue que le fléau ; elle pourrait même être de la même longueur que ce dernier.

Le fléau est divisé en deux parties égales F et G, appelées les bras de la balance, par un couteau transversal H dont le tranchant doit être formé par deux faces formant à peu près un angle droit. Pour que le mouvement du fléau soit plus sensible, ce couteau repose à ses deux bouts sur deux surfaces arrondies, de telle sorte qu'il ne puisse dévier ni à droite ni à gauche, et soit toujours maintenu à la partie inférieure.

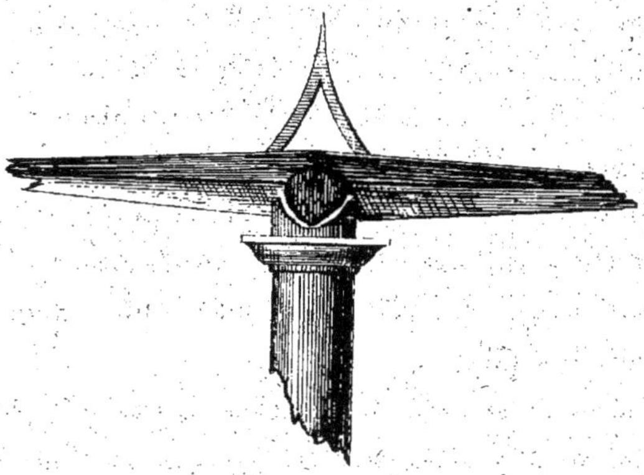

Pour qu'un fléau soit bien fait, il faut que sa largeur, plus grande au centre, se trouve toujours diminuée de la même quantité sur les deux bras, à la même distance du point de suspension, de telle manière que si ces 2 bras étaient repliés l'un sur l'autre, on trouvât partout en un point quelconque, la même épaisseur, la même largeur ainsi que la même longueur, ce qui constitue une symétrie parfaite. Les 2 extrémités du fléau sont terminées par 2 couteaux M N dont le tranchant est tourné en haut, et destiné à supporter un crochet auquel est suspendu le plateau.

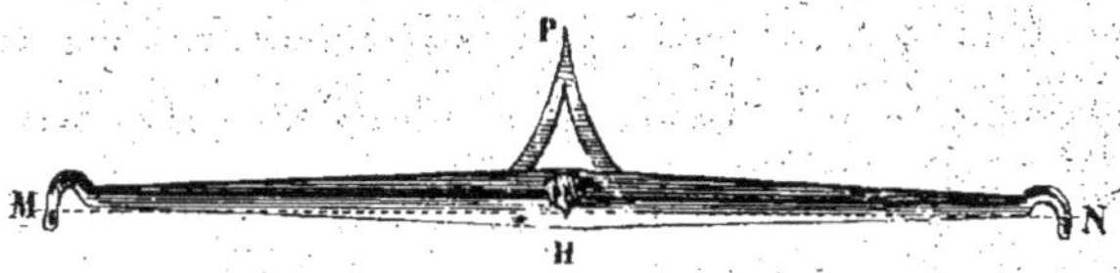

Une des principales conditions de précision dans une balance, c'est que le couteau du milieu et ceux des 2 extrémités soient bien parallèles, et qu'ensuite la ligne droite MN qui passe par le tranchant inférieur H du milieu et par le tranchant supérieur d'un des deux couteaux placés aux extrémités, passe aussi par l'autre.

Au milieu du fléau est fixée une aiguille verticale dont la

pointe P se meut en regard d'un arc de cercle gradué, et c'est lorsque cette aiguille correspond au zéro de l'arc que le fléau est arrivé à la position horizontale à laquelle, si on l'en écarte, il doit toujours revenir par une suite d'oscillations dont la longue durée annonce la grande sensibilité d'une balance.

Les plateaux sont ordinairement suspendus par trois fils ou chaînes, aux deux extrémités du fléau, au moyen de crochets qui reposent sur les couteaux dont nous avons parlé. Il est bien entendu que les plateaux et tout ce qui sert à les suspendre, sont exactement de même poids, et que les plateaux étant vides, l'équilibre doit être parfait.

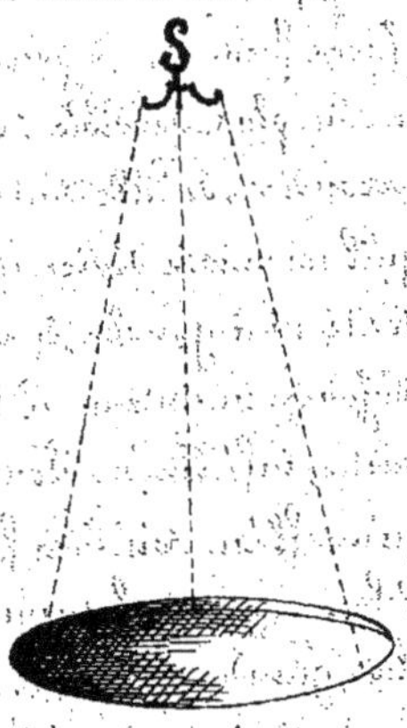

Alors on met dans l'un des plateaux le corps que l'on veut peser, et dans l'autre autant de poids qu'il en faut pour que l'équilibre soit établi ; dans ce cas, on dit que le corps pèse autant que les poids dont on n'a plus qu'à faire le total.

Si la balance dont on se sert n'était pas juste, il serait toujours possible d'avoir le poids exact du corps, en employant la méthode des doubles pesées ; voici en quoi elle consiste.

On place le corps que l'on veut peser, dans l'un des plateaux, et dans l'autre une matière quelconque, telle que du plomb, du sable, des cailloux, etc, jusqu'à ce que l'équilibre soit établi. On enlève ensuite le corps que l'on remplace par des poids pour rétablir l'équilibre. On est sûr alors que le total de ces poids pèse exactement comme le corps en question, puisque l'un et l'autre font équilibre à la même quantité de matières contenues dans l'autre plateau.

On appelle en général *tare* le poids du vase dans lequel on veut peser des graines ou un liquide quelconque. Pour connaître ce poids, on place le vase dans l'un des plateaux, et dans l'autre des poids en quantité suffisante pour établir l'équilibre. On verse ensuite la substance dans le vase, et l'on ajoute autant de poids qu'il en faut pour que l'équilibre soit rétabli ; dans ce cas, les poids ajoutés donnent exactement le poids des matières contenues dans le vase. C'est là ce qu'on appelle le poids *net* par opposition au poids *brut* qui comprend le poids des marchandises et celui de l'enveloppe qui les contient.

De la Romaine.

La Romaine est une balance à bras inégaux, faisant en même temps fonction de balance et de poids et que son peu de précision rend impropre au commerce en détail.

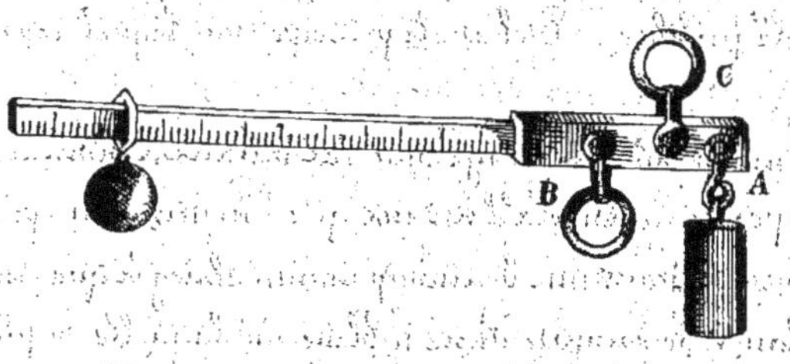

A l'extrémité du plus petit bras est suspendu un crochet destiné à soulever les objets que l'on doit peser; dans l'autre bras est engagé un anneau mobile qui porte un poids invariable, et auquel on peut faire parcourir toute la longueur de ce bras où sont marquées des divisions qui servent à indiquer le poids du corps.

Lorsqu'on veut peser un corps, on le soulève avec le crochet; le fléau perd alors sa position horizontale; on l'y ramène en éloignant le poids mobile du point de suspension autant que cela est nécessaire. Lorsque l'équilibre est rétabli, on remarque la division à laquelle correspond l'anneau et l'on a le poids du corps qui est toujours d'autant plus grand que l'anneau mobile est plus éloigné du point de suspension.

Cet instrument est ordinairement disposé de manière qu'on puisse peser des corps très lourds et d'autres assez légers: pour cela, il y a 2 anneaux dont l'un C est plus près du crochet A; et l'autre B un peu plus éloigné; lorsqu'on se sert de l'anneau C, le corps que l'on pèse agissant sur un bras de levier plus petit, on obtient nécessairement un poids plus considérable qu'en employant le point de suspension B; pour se servir de ce dernier, on fait tourner le crochet A qui se trouve alors à la partie inférieure ; dans ce cas, l'anneau mobile correspond à des divisions différentes tracées sur le plus grand bras, à l'opposé des 1res.

De la Balance-Bascule.

Cette balance destinée à peser les corps très-lourds, est construite de telle sorte que les poids employés ne sont que le 10me du poids des marchandises que l'on pèse. En effet, elle est formée essentiellement d'un levier dont l'un des bras est dix fois plus long que l'autre ; dans ce cas, si le corps que l'on veut peser est attaché au bras le plus court, il suffit, à l'extrémité du bras le plus long, d'un poids 10 fois plus petit pour établir l'équilibre. Tel est le principe sur lequel repose la balance-bascule.

Ce qui lui donne un grand avantage sur les balances ordinaires, c'est qu'on peut faire des pesées considérables sans que l'instrument perde de sa justesse, les couteaux se trouvant beaucoup moins chargés que dans les premières. Cette balance se compose d'une tablette sur laquelle on place les corps que l'on veut peser et d'un plateau qui reçoit les poids. Ces derniers, quels qu'ils soient, étant multipliés par 10, donnent toujours exactement le poids du corps placé sur la tablette.

Ainsi, $7^{Kil}, 3^{hect}, 8^{décag}, 5^{gr}$ placés sur le plateau $= 7385^{gr}$ ou 73850^{gr} pour le poids du corps, c'est-à-dire $73^{Kil}, 850^{gr}$. On reconnaît que l'équilibre est établi, lorsque la pointe d'une petite tige en fer dont le fléau est muni, vient correspondre à celle d'une tige pareille placée sur le montant vertical le long duquel oscille le fléau.

Chapitre VII.

Des Monnaies.

L'unité monétaire est le Franc, pièce d'argent du poids de cinq grammes ; elle se divise en 10 parties égales appelées décimes, et le décime en 10 autres parties égales appelées centimes. Il y a, en outre, le 1/2 décime ou la pièce de 5 centimes, et le double centime. Ces quatre subdivisions du franc sont en cuivre ; il n'y a que le 1/2 franc ou la pièce de 50 centimes, et le double décime ou pièce de 20 centimes qui sont en argent. L'argent monnayé n'est point pur ; il contient un dixième de cuivre, alliage qui lui donne une plus grande dureté.

Comme le franc pèse 5 grammes, si l'on ôte le 1/10e. de ce poids, on a 0^g,5 pour celui du cuivre contenu dans un franc, de sorte que l'argent pur ne pèse plus que 4^g,5.

On voit donc que, quelque soit la somme d'argent dont il sera question, il est toujours facile de calculer le poids du cuivre qu'elle contient, en prenant le 10me. du poids total.

Ainsi 25^f pèsent 125 grammes dont le 10me. est de 12^g,50 poids du cuivre.

135^f pèsent 675 grammes dont le 10me. est de 67.5 poids du cuivre, ainsi de suite pour tous les autres cas.

Une chose digne de remarque, c'est que le poids du cuivre contenu dans une somme d'argent quelconque, est toujours égal à la moitié de cette somme, comme on le voit par les deux exemples qui précèdent. Ainsi 12^g,50 est exactement la moitié du nombre de francs 25 ; il en est de même de 67^g,5 comparés à 135^f. Par conséquent, au lieu de chercher le poids de la somme donnée pour en prendre le 10me, il faudra donc tout simplement prendre la moitié de cette somme pour avoir le poids du cuivre.

Voici

Voici la série des différentes pièces d'argent avec leurs poids et leurs diamètres en regard, exprimés en millimètres.

37 mill.

27 mill.

23 mill.

18 mill.

15 mill.

1°.	la pièce de 5 f.	25 grammes.	37 millim.
2°.	celle de 2 f.	10 "	27 "
3°.	celle de 1 f.	5 "	23 "
4°.	celle de 0, 50	2 ½	18 "
5°.	celle de 0, 20	1 "	15 "

Puisqu'un franc pèse 5 grammes, on peut toujours trouver le poids d'une somme d'argent quelconque, en multipliant par 5 grammes le nombre de francs qu'elle contient. C'est ainsi que l'on trouve pour 725 f.

$5^g \times 725^f = 3625^g$ ou $3^{Kil}, 625$

Pour la même cause, il est aussi facile de déterminer la valeur d'une somme dont on connaît le poids, comme dans cet exemple:

Un sac d'argent pèse 7 Kilog, 125 g; Combien contient-il de francs?

Un franc pesant 5 grammes, autant de fois 5 sera contenu dans le poids donné 7125 g, autant on trouvera de francs pour la valeur demandée.

$$\frac{7125}{5} = 1425^f.$$

D'après ce qui vient d'être dit, on voit que l'argent monnayé pourrait au besoin remplacer les poids du commerce; ainsi l'on prendrait 100 f pour 500 g; 200 f pour le Kilogramme et enfin 1000 f pour 5 Kilogr., ainsi de suite.

De même, au lieu de compter la monnaie, on pourrait en avoir la valeur en la pesant avec une balance très exacte; mais on conçoit que dans les deux cas, il faut opérer sur une monnaie de fabrication récente, car, dans le cas contraire, l'altération causée par un long usage donnerait une différence assez sensible en moins.

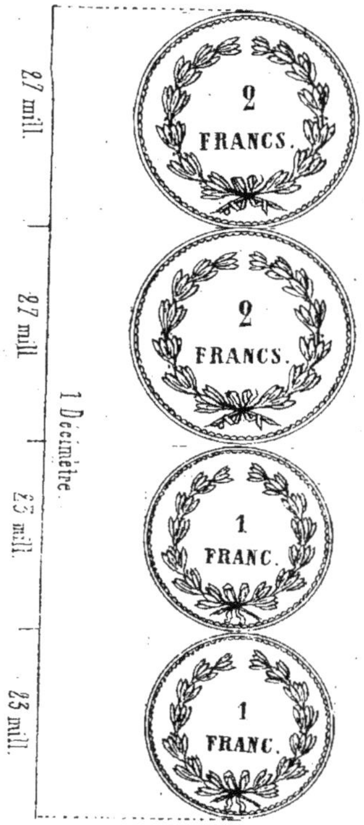

Nous avons vu que la pièce de 5 f a 37 millimètres de diamètre; par conséquent, si l'on en place 27 bord à bord, on aura une longueur de 0m.999 c'est-à-dire le mètre moins un millimètre. En 2e lieu, 2 pièces de 2 francs donnent une longueur de 54 millimètres et deux de un franc 46; ce qui fait tout juste un décimètre pour le diamètre des 4 pièces. Ces deux exemples indiquent assez clairement comment les monnaies se rattachent au mètre par leurs diamètres; du reste, toutes les unités du système métrique sont tellement reliées les unes aux autres, qu'avec une pièce de 20 centimes, par exemple, on peut retrouver le Kilogramme et par conséquent le litre, et enfin la longueur du mètre. Nous avons vu par quel moyen on y arrive, en montrant, au sujet du gramme, comment on peut revenir de cette unité de poids, au mètre. Il est donc inutile de répéter cette explication.

Il y a cinq sortes de monnaies en or, qui sont :

		Valeur.	Poids.	Diamètres.
1°	La pièce de	100 f	32 gr, 25	34 millim.
2°	Celle de	40	12 , 90	26
3°	Celle de	20	6 , 45	21
4°	Celle de	10	3 , 225	19
5°	Celle de	5	1 , 6125	14

La monnaie d'or vaut 15 fois ½ plus que celle d'argent à poids égal: Ainsi, un hectogramme d'argent valant 20^f, un hectogramme d'or vaudra $15,5 \times 20 = 310^f$. Maintenant, puisque 310^f en or pèsent un hectogramme, un seul franc pèsera 310 fois moins, c'est-à-dire

$$\frac{100^{gr.}}{310} = 0^{gr.},3225.$$

d'où l'on tire :

34 mill.

$100 \times 0,3225 = 32^g,25$ pour la pièce d'or de 100^{fr}:
$40 \times 0,3225 = 12,90$ pour celle de 40 "
$20 \times 0,3225 = 6,45$ pour celle de 20 "
$10 \times 0,3225 = 3,225$ pour celle de 10 "
$5 \times 0,3225 = 1,6125$ pour celle de 5.

26 mill.

Réciproquement, si l'on a 2 valeurs égales en or et en argent, la valeur en or pèsera 15 fois ½ moins que celle en argent: Ainsi, 100^f d'argent pesant 500^f, 100^f en or pèseront

$$\frac{500}{15.5} = 32^g,25$$ résultat que nous venons de trouver plus haut.

21 mill.

De ce que nous venons de voir, il résulte qu'on peut toujours connaître le poids de n'importe quelle somme en or.

Supposons, par exemple, qu'on veuille chercher le poids de 2800^f en monnaie d'or;

Voici comment on raisonnera :

19 mill.

Si c'était de l'argent, le poids serait égal à $5^g \times 2800 = 14^{kil},000$; mais comme la même valeur en or pèse 15 fois ½ moins, divisant 14000 par 15,5 on a :

14 mill.

$$\frac{14000}{15.5} = 0^{kil},903$$ poids des 2800^f en or.

Si l'on donnait au contraire un poids en monnaie d'or et qu'il fallût en trouver la valeur, comme dans cet exemple :

Un sac plein d'or pèse 2725 grammes ; Combien contient-il ?

Voici comment on raisonnerait :

Si c'était de l'argent on aurait : $\frac{2725^{gr}}{5} = 545^{f}$

Mais à poids égal, l'or vaut 15 fois 1/2 plus que l'argent ; il faut donc multiplier 545^{f} par 15, 5 ce qui donne :

$545 \times 15,5 = 8447^{f}$ valeur de l'or contenu dans le sac dont il faut, bien entendu, déduire le poids approximatif du sac avant de faire le calcul.

Les monnaies de cuivre frappées depuis 1853 sont :

30 mill

		Valeur.	Poids.	Diamètres.
1°	La pièce de	$0^{f}, 10$	10^{gr}	30^{milli}
2°	Celle de	0, 05	5 "	25 "
3°	Celle de	0, 02	2 "	20 "
4°	Celle de	0, 01	1 "	15 "

25 mill

La connaissance des diamètres de ces nouvelles pièces fournit un moyen très simple de retrouver le décimètre et par conséquent le mètre : ainsi,

1° 2 pièces de 10^{centi} plus deux de 2^{centi} = le décimètre

2° 4 centimes plus 2 doubles centimes = id.

3° 4 pièces de 5 centimes donnent exactement id.

20 mill

On voit d'après ce tableau que dix décimes en monnaie de cuivre pèsent cent grammes, puisque le décime pèse 10 grammes ; Rien de plus facile, alors, que de résoudre les questions suivantes :

15 mill

1° Quel est le poids d'un sac de sous contenant 85 francs ?

Décimètre.

2° Un sac de sous pèse 11 Kil., 225 gr. combien contient-il ?

Dans le 1er. cas, puisque 1f en cuivre pèse 100 gr, 85f pèseront 85 × 100 = 8500 gr ou 8 Kilog, 500.

Dans le 2e. cas, puisque 100 grammes sont le poids d'un franc, autant de fois 100 gr. seront contenus dans le poids donné, autant de francs on aura, d'où

$$\frac{11225^{gr}}{100} = 112^f,25$$

S'il s'agissait des anciennes monnaies de cuivre, on multiplierait dans le 1er. cas par 200, et l'on diviserait aussi par 200 dans le 2e. cas ; car ces monnaies ont un poids double de celles nouvellement fabriquées, ainsi 1f. pèse 200 gr, la pièce de 10cent. 20 gr; celle de 0,05 10gr. et enfin l'ancien centime 2 grammes.

Monnaie de Cuivre

comparée à la monnaie d'argent.

Nous venons de voir qu'un franc en cuivre pèse 100 grammes, nous savons qu'un franc en argent n'en pèse que Cinq, c'est-à-dire 20 fois moins. On conclut de là facilement que si l'on a deux valeurs égales, l'une en argent, l'autre en cuivre, cette dernière pèsera

20 fois plus.

D'un autre côté, si l'on a deux poids égaux, l'un en monnaie de cuivre, l'autre en monnaie d'argent, le premier vaudra 20 fois moins: Ainsi, 100 grammes d'argent valent 20^{fr}, tandis que 100 grammes de monnaie de cuivre ne valent que 1^{fr}.

Cela posé, comment résoudre les questions suivantes?

1°. 285 francs en argent sont placés dans le plateau d'une balance; Combien faut-il en monnaie de cuivre, dans l'autre plateau, pour faire équilibre?

2°. Quelle somme d'argent faut-il pour faire équilibre à 95^f de sous?

Dans le premier cas on a:

$$285^f \times 5^{gr.} = 1425^{gr.}$$

Il faut donc 1425$^{gr.}$ de monnaie de cuivre; mais puisque 1^f pèse 100 grammes, il ne s'agit que de diviser par 100 le poids de l'argent, ce qui donne:

$$\frac{1425}{100} = 14^f,25 \text{ en cuivre.}$$

Dans le deuxième cas on a:

$$95^f \times 100^{gr} = 9500^{gr.}$$

Il faut donc 9500$^{gr.}$ d'argent; mais puisque 1^f pèse 100 grammes, il ne s'agit que de diviser par 5 le poids du cuivre, ce qui donne:

$$\frac{9500}{5} = 1900^f \text{ en argent}$$

Monnaie de Cuivre
comparée à la monnaie d'or.

Nous avons vu que l'or vaut 15 fois 1/2 plus que l'argent, et ce dernier 20 fois plus que la monnaie de cuivre, à poids égal ; il en résulte que l'or vaut 15 fois 1/2 20 fois, c'est-à-dire 310 fois plus que le cuivre à poids égal.

Ainsi 322gr,5 d'or valent 1000f tandis que 322gr,5 de cuivre ne valent que 3f,225 juste 310 fois moins que 1000f

$$\frac{1000}{310} = 3^f,225$$

Réciproquement, si l'on a deux valeurs égales, l'une en or et l'autre en cuivre, cette dernière pèsera 310 fois plus. Ainsi 20f en or ne pèsent que 6gr,452 tandis que 20f en sous pèseront 20 fois 100 grammes ou 2000gr produit que l'on trouve en multipliant 6gr,452 par 310.

D'après ces principes, on voit combien il est facile de résoudre les questions suivantes :

1°. Quelle est la valeur en or qui pèse autant que 40fr de sous ?

2°. Combien faut-il en monnaie de cuivre pour faire équilibre à 250f en or ?

Dans le premier cas on a :

40f en sous pèsent 4000 grammes.

Il faut donc 4000gr d'or pour faire équilibre ; mais le poids d'une valeur d'or égale à 1f, vaut 0gr,3225 ; il ne s'agit donc plus que de diviser 4000 par 0gr,3225 ce qui donne :

$$\frac{4000}{0,3225} = 12403^{fr}$$ valeur en or faisant équilibre à 40f de sous.

Dans le deuxième cas on a :

$$250^{f} \text{ en or pèsent } 250 \times 0^{g},3225 = 80^{gr},62$$

Il faut donc 80 grammes de cuivre pour faire équilibre ; mais comme un centime en cuivre pèse un gramme, c'est donc tout simplement 80 centimes qu'il faut pour faire équilibre à 250^{f} en or.

Volume

d'une quantité quelconque de pièces de monnaies en or, en argent ou en cuivre.

Nous avons dit plus haut, en parlant des pesanteurs spécifiques, qu'il est facile de trouver le volume d'une somme déterminée, en or, en argent ou en cuivre. Voyons comment il faut opérer pour cela, en prenant pour exemples les questions suivantes :

1°. Quel est le volume d'une pièce de 5^{fr} ?
2°. Quel est le volume de .... 2750^{fr} ?

Puisque le décimètre cube d'argent pèse 10475 grammes, le centimètre cube pèse mille fois moins ou $10^{g},475$

Maintenant, la pièce de 5^{f} pèse 25^{gr}
ou $22^{g},50$ d'argent
et $2,5$ de cuivre,

divisant donc le poids de chacune de ces substances par sa pesanteur spécifique on a :

$$\left.\begin{array}{l} \dfrac{22^{g},50}{10^{g},475} = 2^{\text{centi cubes}},147 \\[2ex] \dfrac{2^{g},5}{9} = 0,277 \end{array}\right\} 2^{\text{centi cubes}},424$$

Total des 2 volumes formant le cube de la pièce de 5^{fr}.

Or, puisque le volume de la pièce de 5 francs est 2 centi cubes, 424, celui de la pièce d'un franc sera 5 fois plus petit, ou

$$\frac{2,424}{5} = 0^{\text{centi cube}},484$$

Le volume de 2750 f sera donc

$$2750 \times 0,484^{\text{milli cubes}} = 1,331,$$

ou 1 décimètre cube 331 centimètres cubes.

Si l'on avait un nombre exact de pièces de 5 f, on pourrait le multiplier par le volume de cette dernière et l'on trouverait le même résultat.

Pour trouver le volume d'une monnaie quelconque en or, nous répèterons les mêmes opérations ; ainsi une pièce d'or de 100 f pèse 32 g, 25

ou 29 g, 025 d'or pur,

et 3 g, 225 pour le 1/10 de cuivre.

$$\frac{29^{g},025}{19^{g},258} = 1^{\text{centi cube}},507 \text{ cube de l'or pur,}$$

$$\frac{3,225}{9} = 0^{\text{centi cube}},358 \text{ cube du 1/10 de cuivre,}$$

1 centi cube, 865 Total des 2 volumes formant le cube de la pièce de 100 f.

Maintenant 1 f en or aura un cube 100 fois plus petit ou 0 centi cube, 018.65 d'où l'on tire :

			centimètre cube
1°.	pour 5 francs	....	0, 093, 25
2°.	pour 10	id	0, 186, 50
3°.	pour 20	id	0, 373, 00
4°.	pour 40	id	0, 746, 00
5°.	pour 100	id	1, 865, 00

Quant à la monnaie de cuivre, on arrive plus vite au résultat, puisqu'elle ne contient point d'alliage ; Ainsi

1 fr pèse 100 grammes, ce qui donne :

$$\frac{100^g}{9} = 10^{\text{centi cubes}},111 \quad \text{Cube d'un franc.}$$

poids spécifique du cuivre (à peu près un Centi. Cube par décime).

Avec lequel on peut trouver celui de n'importe quelle somme donnée, en monnaie de cuivre.

La fabrication des monnaies est une entreprise pour laquelle le Gouvernement accorde 2 francs par chaque Kilogramme d'argent monnayé, et 6 francs par chaque Kilogramme d'or.

Il résulte de là qu'un Kilogramme d'argent qui vaut 200 francs en monnaie, n'en vaut plus que 198 en lingot, et que le Kilogramme d'or qui vaut 3100 francs en monnaie, n'en vaut que 3094 en lingot.

D'après cela, il est facile de connaître ce que vaudra, quand il sera monnayé, un lingot d'or ou d'argent dont on connaît le poids, en supposant dans les deux cas 1/10 d'alliage.

Quelle sera, par exemple, la valeur en monnaie, d'un lingot d'or pesant 4500 grammes avec son 1/10 d'alliage ?

Puisqu'un Kilogramme d'or non monnayé vaut 3094 francs, $4^{Kil},5$ vaudront $4^{Kil},5 \times 3094 = 13923^{f}$ auquel produit il faut ajouter le prix de la fabrication : $6 \times 4,5 = 27^{fr}$ ce qui donne :

$$13923 + 27 = 13950^{fr}$$ Valeur du lingot en monnaie.

Si l'on voulait savoir la valeur d'un lingot d'or pur dont le poids est de 4500 grammes, par exemple, voici le raisonnement que l'on ferait :

En faisant fondre un Kilogramme de pièces d'or, on n'aurait plus qu'une valeur de 3094 francs, contenant 100 grammes de cuivre et 900 grammes d'or pur.

Maintenant, si nous laissons de côté la valeur des 100 grammes de cuivre, il est évident que les 900 grammes d'or pur valent 3094 francs, ce qui donne pour la valeur d'un gramme d'or pur $3^f, 43777$ et pour un Kilogramme mille fois plus ou $3437^f, 77$.

Le lingot en question du poids de $4^{Kil}, 5$ vaudrait donc :

$$3437,77 \times 4^{Kil},5 = 15469^f,96$$

On appelle *titre* des monnaies la proportion dans laquelle le cuivre est allié à l'argent ou à l'or. Cette proportion est invariablement de 1/10 de cuivre et de 9/10 d'or ou d'argent. La tolérance en plus ou en moins est de :

1°.	2	millièmes	du poids légal	pour les monnaies d'or,
2°.	3	id	— — —	pour celles de 5 francs,
3°.	5	id	— — —	pour celles de 1 et de 2 francs,
4°.	7	id	— — —	pour celles de 50 centimes,
5°.	10	id	— — —	pour celles de 20 centimes.

L'alliage de la monnaie d'or a varié jusqu'ici. Ainsi les pièces vertes doivent cette couleur à ce que l'alliage est formé entièrement d'argent. Celles d'une couleur mixte renferment 70 parties de cuivre et 30 d'argent. Enfin les pièces d'or qui sont composées uniquement d'or et de cuivre sont rouges : telles sont celles que l'on fait aujourd'hui et toutes celles qui seront fabriquées à l'avenir.

Lorsque l'essayeur doit vérifier une certaine quantité de

pièces de monnaies, il en prend une au hasard sur le tas; s'il trouve que l'alliage est dans les conditions déterminées par les règlements, la monnaie est reçue; dans le cas contraire, elle est refusée et doit être refondue.

La vaisselle d'or et d'argent et généralement tous les ouvrages fabriqués avec ces deux métaux, ont plusieurs titres déterminés par la loi.

Ces titres sont : 1° pour les ouvrages d'or,

	Or pur.		Cuivre.
1er titre	0 Kil., 920	de l'objet	0, 080
2e titre	0, 840	"	0, 160
3e titre	0, 750	"	0, 250

2° pour les ouvrages d'argent,

	Argent pur.		Cuivre.	
1er titre	0, 950	————	0, 050	moitié moins de cuivre que dans les monnaies.
2e titre	0, 800	————	0, 200	double de cuivre que dans les monnaies.

Afin d'empêcher la fraude, il y a dans chaque département un bureau de garantie où un essayeur détermine le titre des divers ouvrages d'or et d'argent et y applique le poinçon de l'État, qu'on appelle aussi *contrôle*.

On voit, d'après le tableau qui précède, qu'il est très important, lorsqu'on achète des objets d'or ou d'argent, de bien déterminer le titre, qui en augmente ou en diminue la valeur, selon qu'il est plus ou moins élevé, les frais de fabrication étant toujours les mêmes.

Ainsi, l'on comprend facilement que l'on ne peut pas payer un objet en or au titre 0,750, le même prix que s'il était au titre 0, 920, puisque dans ce dernier cas, la façon étant la même, on a 0, 170 millièmes d'or de plus que dans le 1er cas. Si l'on a quelques doutes, il faut donc recourir au bureau de garantie qui peut seul les éclaircir.

L'ancienne unité monétaire était la livre qui valait 20 sous. Elle est aujourd'hui complètement abandonnée ; il est donc inutile d'en parler. Le sou valait 4 liards ; Comme il est encore question de cette monnaie dans quelques localités, il importe de connaître son rapport avec le centime.

Le sou vaut 5 centimes ou bien 4 liards : on a donc pour un liard le 1/4 d'un centime, ou . . . . $0^f,0125$
pour 2 liards la 1/2 d'un centime, ou 0, 025
enfin pour 3 liards 3/4 de centime, ou 0, 0375

Supposons maintenant 100 pieds d'arbres, par exemple, à 7 sous 3 liards ; on aura :

7 sous $= 0^f,35$
3 liards $= 0,0375$

Total . . . 0, 3875 ce qui donne :

$38^f,75$ pour 100 arbres	}	à 7 sous 3 liards.
19, 37 pour 50 id.		
9, 68 pour 25 id.		

Mêmes calculs pour tous les cas analogues.

FIN.

Autographie de Gouffon, rue de la Cerche 14, à Orléans. (Ronce scripsit)
— *Déposé.* —

www.ingramcontent.com/pod-product-ccmpliance
Lightning Source LLC
Chambersburg PA
CBHW060627200326
41521CB00007B/923
9782011343475